新一代身份和访问控制管理
—— 新的安全边界

谭　翔　吴良华
陈远猷　茆正华　著

北京大学出版社
PEKING UNIVERSITY PRESS

内 容 简 介

本书从身份和访问控制管理的定义和价值入手，提出了企业安全架构从原有基于边界的防护演变到以身份为中心的动态访问控制，深入分析了身份治理和管理应该具备的多种技术能力，并结合相关标准协议和实践详细描述各种技术的应用场景。最后对身份管理未来的技术和业务发展方向做了前瞻性研究。本书从政府对法律法规的要求，企业的安全需求增长和数字化转型的趋势，描述了身份和访问控制管理如何为企业降本增效，提高用户体验，为业务赋能。

本书可作为企业培训教材，也可供高等院校信息安全相关专业的本科生、研究生参考使用，还可供相关的从业人员参考使用。

图书在版编目（CIP）数据

新一代身份和访问控制管理：新的安全边界 / 谭翔等著. —北京：北京大学出版社，2022.10
ISBN 978-7-301-33516-1

Ⅰ.①新…　Ⅱ.①谭…　Ⅲ.①访问控制—安全技术　Ⅳ.① TP309

中国版本图书馆 CIP 数据核字 (2022) 第 193110 号

书　　　　名	新一代身份和访问控制管理——新的安全边界
	XINYIDAI SHENFEN HE FANGWEN KONGZHI GUANLI——
	XIN DE ANQUAN BIANJIE
著作责任者	谭　翔　吴良华　陈远猷　茆正华　著
策划编辑	郑　双
责任编辑	黄园园　郑　双
标准书号	ISBN 978-7-301-33516-1
出版发行	北京大学出版社
地　　　　址	北京市海淀区成府路 205 号　100871
网　　　　址	http://www.pup.cn　新浪微博：@北京大学出版社
电子邮箱	编辑部 pup6@pup.cn　总编室 zpup@pup.cn
电　　　　话	邮购部 010-62752015　发行部 010-62750672　编辑部 010-62750667
印　刷　者	北京虎彩文化传播有限公司
经　销　者	新华书店
	720 毫米 × 1020 毫米　16 开本　16.25 印张　312 千字
	2022 年 10 月第 1 版　2025 年 1 月第 4 次印刷
定　　　　价	68.00 元

推荐序

　　派拉团队是国内最早在 IAM 领域专注、深耕的专家团队。这本书凝聚了派拉团队近二十年的经验，内容由浅入深，既包括了基础理论知识、实现原理，也包括了一些实际的应用案例。除此之外，还囊括了对 IAM 前瞻性应用的介绍，如这几年火热无比的零信任等。本书不仅适合钻研细节的技术人员，也适合那些在用户身份管理上一筹莫展的企业用户。

中国联通智慧安全有限公司首席技术官　周凯

　　我们目前正处于或加速进入数字化的世界，特别是 2020 年以来的新冠肺炎疫情进一步推动各行各业、各类场景由现场、线下、物理世界转变为远程、线上、虚拟世界。向数字世界的加速转变使身份安全性变得前所未有的重要，然而过去一些年由于人才、投入及重视程度不足，行业整体人才培养不够，相关著作出版较少，知识积累和传播存在短板，各级信息技术管理者的安全认知更是在这个领域亟待加强。

　　谭翔和他的团队从事身份安全这个行业近 20 年，默默耕耘，将其长期的思考与实践总结提炼，全书既有基础概念、基本原理，同时包含了大量的实际案例，还为身份安全认证控制的新技术发展做了前瞻性分析，相信本书能成为安全工作者及各级技术管理者非常好的学习参考书。

国金证券股份有限公司首席信息官　王洪涛

　　作为抵御信息系统被未授权访问的第一道防线，身份和访问控制管理一直是网络安全中非常重要的一环。同时，合理有效地管理用户数字身份，也是企业进行数字化转型的重要基础能力。派拉软件作为沪上知名的安全企业，一直致力于身份管理领域的产品深耕和技术创新。本书的作者团队既是身份和访问控制领域的技术专家，也具备深厚的一线项目管理经验。他们在书中基于各自多年的独到见解，全面系统性地介绍了身份和访问控制体系，并结合实践分享了多个行业的经典案例。不论是大型企业的首席信息官，或是从事数字化和身份安全研究的工作者，还是初入网络安全行业的新人，本书都具有较高的参考价值，值得细细品读。

（ISC）² 中国上海分会主席　施勇

随着数字化浪潮蓬勃兴起，人工智能、大数据等新一代信息技术与证券业务深度融合，作为全国首批规范类证券公司和创新试点类证券公司，南京证券也正围绕建设成为"国内一流的现代投资银行"战略目标，积极推进渠道、产品、服务和运营模式的转型，不断增强市场竞争力、抗风险能力和可持续发展能力。身份治理作为数字化建设的要素，是企业数字化转型中最重要的基础环节，为后续企业的业务数字化、运营数字化、组织和人才数字化的全面转型奠定基础。本书结合企业现状由浅入深地阐述了身份治理发展的各个阶段，对企业数字化转型具有很高的参考价值。

南京证券金融科技部总经理 季常青

在数字化转型的发展中，山河智能通过建设工业互联网平台，从研发、管理、制造到产品，进而辐射到服务及施工全链条，构建高端装备生态体系促进品牌建设，拉动市场销售，实现全价值链的重构升级。创新是企业数字化转型的价值所在，身份治理实现了数据标识与访问安全；数据交换平台解决了业务系统之间复杂的数据处理与优化。通过身份治理与数据交换极大地推动了企业管理流程、组织和商业模式的创新。本书不仅对身份治理做了详细阐述，也对数据交换集成平台的另一种API实现形式做了全面说明，而这只是其中的一小部分内容，见微知著，本书是身份与访问控制方面的优秀著作，有益于企业数字化建设。

山河智能首席信息官 龙贞

九牧长期关注价值创造，秉承"专注高端卫浴"的品牌理念。为满足消费者的需求，提供了"全场景、多品类、智能定制、一站式管家服务"的新型全屋定制整体解决方案。极致的用户体验来自高效的响应与平台支撑。针对C端用户访问需要平台提供安全护航能力，九牧将从不同渠道获取的C端用户进行整合与过滤，通过一账通解决方案，针对用户画像和大数据分析预测，为数字化营销提供数据支撑。平台采用微服务架构，可以灵活扩展满足千万级用户的访问需求，实现了身份联邦与访问安全的治理。本书从理论到实践，根据不同的业务场景做了详细阐述，值得推荐。

九牧厨卫首席信息官 叶火龙

信息技术正引领产业变革，中天的"信息化"就是要通过走新型工业化的道路，来践行国家提出的创新驱动发展战略。如何通过信息化搭建服务平台，更好地聚合产业链，让信息和互联网技术为传统行业赋能，提升品牌影响力和用户黏性成为要解决的关键，本书以过去、现在、未来为时间轴，全方位对身份治理与安全做了分析与阐述，任何与之相关的问题都可以从中找到答案，是企业信息化发展的"助推器"。

中天钢铁集团有限公司首席信息官　魏巍

随着教育 2.0 时代的到来，教育信息化的常态化与规模化也日益成为新时代教育环境的主旋律，教育信息化建设意义重大，它不仅正在改变教育模式，同时也在塑造未来的教育发展方向。身份治理平台可以统一多个数据源，与学院现有的信息系统进行互信整合，并提供技术支持与落地实施服务，促进信息技术与学院教育的创新融合，为学院教育信息化的成功落地保驾护航。本书的推出非常及时，书中所涉及的内容有利于推进教育信息化直至完成数字化转型，价值与意义非凡。

中欧国际工商学院 IT 中心主任　薛东明

在立邦数字化转型的过程中，用户、设备、平台、业务多样化，种种数字化的变革也让企业面临来自多方面的信息安全隐患。构建统一的身份安全管理体系，增强内部应用数据协同能力，打破数据孤岛就显得尤为重要。本书可谓构建信息安全的指南，通过不同的场景构建出不同的解决方案，为不同行业实施安全项目提供了充分的参考依据，从理论到实践，有益于促进企业成功完成数字化转型。

立邦涂料首席信息官　谢宝财

前　　言

在数字化的今天，我们越来越依赖数字化系统，访问这些数字化系统首先需要的就是身份证明和访问权限。但是，身份带来的安全性问题越来越多，如身份欺诈、不当授权等，这些问题会导致隐私泄露、经济损失、公司声誉受损等。身份和访问控制管理作为全面建立和维护用户数字身份的平台，提供对信息资源安全访问的业务流程和管理的有效手段，可以实现组织内外部用户统一的身份认证、授权和身份数据治理与审计。身份和访问控制管理越来越多地被企业组织作为信息技术基础设施，也是企业数字化转型的必要能力。

一、撰写本书的原因

第一，业界对身份和访问控制管理的重要性的忽视。过去的十几年中，一提到信息安全，企业信息安全人员的脑海中浮现的就是防病毒、防火墙、入侵检测、VPN 等安全技术。信息安全人员对于身份和访问控制长期处于忽视的状态。在信息安全人员看来，身份和访问控制是应用开发人员的责任。长此以往，每个应用系统都有一套用户身份和访问控制管理机制，导致用户身份和访问控制处于散乱的状态。当企业有员工离职时，很多用户身份并没有得到及时有效的清理，离职用户依然可以正常访问。由身份和访问控制管理引发的数据泄露无法通过防病毒、防火墙、入侵检测、VPN 等技术进行防范，由此导致发生恶性的重大安全事件。

第二，业界对身份和访问控制管理认知的片面。非常大比例的信息技术从业者对于身份和访问控制管理的认识是片面的。例如，很多从业者认为身份和访问控制管理就是身份认证，对于身份和访问控制管理中的身份治理、和人力资源管理系统的身份数据同步、权限审批流程和审计、特权身份的访问控制、物联网设备的身份管理没有概念。这导致安全管理效率低下，权限管理不当。当下时有发生的敏感数据泄露、勒索病毒攻击都与身份和访问控制管理的基础薄弱密切相关。

第三，身份和访问控制管理对于数字化推进的重要性越来越高。当前数字化浪潮下，各项新技术的采用加速，如云计算、移动化、大数据、软件定义、微服务等。数字化的重要特征是采用数字技术进行业务重构和体验重构。从用户统一身份、业务系统之间的互联互通，到合作伙伴之间的 API 调用，这些都涉及身份和访问控制管理。从员工的身份,扩展到合作伙伴的身份、C端用户的身份、软件 API 的身份和 IoT 设备的身份,身份管理和访问控制的复杂度快速提升。另外,在数字化背景下,无法再通过人工手动方式调整用户访问的权限,而是需要通过身份和访问控制管理平台来实现自动化、智能化的身份管理和访问控制管理。

第四,身份和访问控制管理的专门著作缺乏。在国内,目前很少有专门针对身份和访问控制管理的著作,从业者很难获得身份和访问控制管理的专业知识。我们希望这本讲解身份和访问控制管理的书能够帮助到数字化管理从业者。

二、本书的特点

作为一本身份和访问控制管理的专业书,本书具有以下特色。

(1)系统性。本书阐述身份和访问控制管理的各个方面,从身份和访问控制管理的体系入手,逐步展开各个方面的细节,再到技术的剖析,最后谈到身份和访问控制管理领域的前沿技术。

(2)理论结合实际。除了理论介绍,本书还给出了大型制造企业、金融单位等多个行业的应用场景和案例。

(3)结构合理。本书按照内容层次,分为认知篇、深入篇、应用篇和前瞻篇四篇,供不同需求的人员快速查阅。

三、本书架构和阅读指南

本书希望为企业各级数字化的管理者,尤其是首席信息官和数字化转型相关的项目管理者、技术工程师提供身份和访问控制管理规划、设计和落地的全程指导,按照"认知—深入—应用—前瞻"的逻辑顺序来组织编写,共分 4 篇 10 章。

第 1 篇为认知篇,包括第 1、2 章。

第 1 章为身份和访问控制管理概述。本章从简要介绍身份的概念开始,描述身份和访问控制管理的价值、身份和访问控制管理为什么会变得越来越重要,并描述了企业信息安全架构从原有基于物理边界访问控制(如基于防火墙、入侵检测、VPN)的安全架构,向以身份为边界的零信任防护理念的转变。

第 2 章为身份和访问控制管理的驱动力。本章从国内外政府的相关法律法规开始,简要说明相关法律法规对身份和访问控制管理的要求,企业的安全需求增长和数字化转型的趋势,描述了身份和访问控制管理怎样为企业提升安全能力,降本增效,提高用户体验,并为业务赋能。

第 2 篇为深入篇,包括第 3、4 章。

第 3 章为身份和访问控制管理平台的构建。身份和访问控制管理包含的内容较广，本章从身份治理、身份认证，再到特权访问管理、权限控制、API 安全认证和控制，最后到身份风险和行为分析，对身份和访问控制管理进行全面深入的剖析，阐述每个环节需要实现的内容。

第 4 章为身份和访问控制管理技术。本章对身份和访问控制管理采用的具体技术进行阐述，包括目录服务、令牌认证和单点登录协议、公钥基础设施、多因子认证和跨域身份管理。这部分内容适合需要具体实现身份和访问控制管理的开发工程师参考。

第 3 篇为应用篇，包括第 5～8 章。

第 5～7 章主要讲解身份和访问控制管理的应用场景。结合作者多年在身份和访问控制管理领域的深入研究，从内部员工的管理、关键数据保护、集团内部的互联互通、C 端用户管理、政府公共服务、物联网等方面总结身份和访问控制管理在各种应用场景下的实施方案。

第 8 章主要讲解云计算下的身份和访问控制管理。在云计算的时代背景下，云计算对于身份和访问控制认证的需求越来越多。身份即服务可以理解为身份和访问控制管理基于软件即服务形态的实现。同时对云原生下的身份和访问控制管理进行了详细的描述。对企业广泛使用的基础设施即服务（如云主机、数据库）的安全管理提出了方案。让读者清晰了解云计算下的身份和访问控制管理需要的能力和选择标准。

第 4 篇为前瞻篇，包括第 9、10 章。

第 9 章为零信任下的身份和访问控制管理。零信任作为新一代的信息安全架构引发了业界高度的关注。零信任架构的基础是身份和访问控制管理。本章阐述零信任架构下的身份和访问控制管理的实现，并给出了一个详细的零信任架构的实现模式来应对新出现的风险和安全威胁。

第 10 章为身份和访问控制管理的趋势。本章对身份和访问控制管理未来的技术和业务发展做了前瞻性的研究和分析。随着数字化转型的深入，业界对于身份隐私和访问控制管理的要求越来越高。在身份和访问控制管理及个人隐私方面，国家的相关部门相继出台了一系列的措施。面对越来越严峻的信息安全挑战，业内尝试基于区块链的分布式身份、同态数据加密及隐私计算技术，为数字化业务的安全、高效和极致的用户体验保驾护航。

本书的作者长期从事身份和访问控制管理领域的研究、开发和项目建设，在身份和访问控制管理领域有多年的经验积累，历经数百个大型的身份和访问控制管理项目，对身份和访问控制管理领域有深刻的见解。本书可作为企业培训教材，也可供信息安全相关专业的本科生、研究生及从事数字化和身份安全研究工作的研究人员使用。

对于本书，读者可以有选择性地阅读。偏向身份和访问控制规划的读者可以重点阅读第 1 篇、第 2 篇，关注身份和访问控制技术架构和实现细节的读者可以深入阅读全书。

本书由上海派拉软件股份有限公司的首席执行官谭翔、副总裁吴良华、首席信息官陈远猷、研发总监茆正华共同撰写而成。在创作过程中，陈庆健等技术专家为本书的部分章节提供了宝贵的素材。北京大学出版社的郑双老师为本书提出了很多宝贵意见和建议，对提高本书的质量给予了很大帮助。在此，一并表示感谢。

由于本书涉及内容广泛，作者水平有限，书中不妥和疏漏之处在所难免，欢迎广大读者批评指正。

谭 翔

2022 年 7 月

目　　录

第 3 篇　应用篇

第 4 篇 前瞻篇

第 **1** 篇　**认知篇**

本篇共两章，即第 1 章和第 2 章，主要涵盖如下问题。

- 身份的定义是什么？
- 身份和访问控制管理包含什么？
- 身份和访问控制管理的价值有哪些？
- 为什么身份和访问控制管理越来越重要？
- 有哪些法律法规对身份和访问控制管理提出了要求？
- 身份管理是如何助力数字化转型和业务赋能的？

第1章 身份和访问控制管理概述

本章从身份的探讨开篇，介绍了身份和访问控制管理的定义和价值、身份和访问控制管理包含的范围，以及驱动身份和访问控制管理变得越来越重要的因素和环境。

1.1 身份的探讨

社会心理学家泰弗尔认为，身份（Identity，ID）是个体自我概念的一部分，包括知识、价值观和情感意义，源于其所属社会群体的成员资格。社会语言学中的身份则注重行为，亦即自我呈现。

在我们的生活中，身份涉及方方面面。例如，一个人对国家来说是公民，在公司是职员，在家里则是爸爸，朋友知道他是一名吉他爱好者，同时他还是高尔夫俱乐部会员，一个重要项目的项目经理，移动通信公司的用户……

因此，身份不仅包含了我们是谁，还包含了这个"谁"很多方面的属性，可归纳为以下几个方面。

（1）个体的命名，包括名字、身份证号码、户籍编号、学号等。

（2）个体的生理特征，包括年龄、性别、身高、血型等。

（3）个体的社会属性，包括家庭角色、社会职务、商业关系等。

（4）个体的行为偏好，包括兴趣爱好、饮食习惯、出行方式等。

在日益数字化的今天，互联网和信息世界的虚拟空间中，存在大量的数字身份，如访问公司业务系统的用户账号、网购的淘宝账号、社交的 QQ 账号等，都是我们的数字身份。

数字身份在网络空间中代表着我们的个体，与我们的工作、购物、社交、生活、政府服务密切相关。数字身份表现为互联网服务提供方提供的一个一个的网站账号，这些互联网服务提供方还会将我们的数字身份与现实世界中的身份证、银行账户、人脸图像进行关联，不断丰富数字身份的内涵，为政府公用事业或商业提供便利的服务。

1.2　身份和访问控制管理的定义

身份和访问控制管理（Identity and Access Management，IAM）从字面的意思理解包含身份管理和访问控制管理两大部分。具体到功能实现的细节，业界很多的咨询公司给出了多种定义。从作者 20 多年的从业经验来看，比较认可美国高德纳（Gartner）公司的定义。根据 Gartner 公司的定义，IAM 包括的范围较广，如图 1-1 所示。

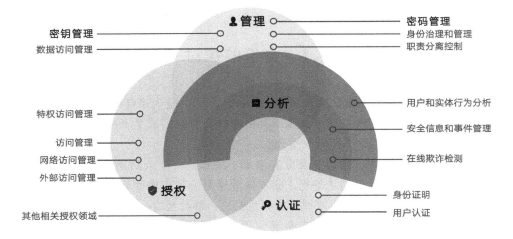

图 1-1　IAM 的定义

从图 1-1 可以看出，IAM 的功能分为四大类，分别是管理、认证、授权和分析，下面对每一类进行简单描述。

1. 管理（Administration）

（1）密码管理（Password Management），主要是密码强度、密码修改、忘记密码等方面。密码管理有助于降低弱密码的出现，减少对密码的安全攻击。

（2）密钥管理（Secret Management），主要是公钥基础设施系统相关的公钥、私钥的签发和管理。公钥基础设施在信息安全中的应用相对广泛，数字证书可以对用户、网站、设备进行安全认证、加密和防抵赖。

（3）身份治理和管理（Identity Governance and Administration，IGA），对身份数据的全生命周期管理，从数字身份的生成、变更、锁定、删除/退出进行管理。

（4）职责分离（Separation of Duty，SoD）控制，对身份的角色进行管理，使其可以进行职责分离。

2. 认证（Assurance）

（1）用户认证，即用户身份认证，包括各种认证机制。简要来说就是"证明你就是你"，通常有用户名和密码认证、多因子认证（如短信验证码认证、动态密码认证等）、生物特征认证（如人脸识别认证、声纹认证、掌纹认证、指静脉认证等）、二维码扫描认证等。

（2）身份证明，即用户实名认证，通常用国家规定的实名认证方式，典型的包含二要素、三要素、四要素认证。要素包括姓名、身份证号码、银行卡号、手机预留号码。

3. 授权（Authorization）

（1）访问管理（Access Management，AM），是指对系统的访问管理，包括用户访问业务系统、网络等。在访问过程中提供授权管理，控制用户是否可以访问资源。通常在访问过程中需要使用访问凭证，一般通过单点登录协议来传递访问凭证。

（2）特权访问管理（Privileged Access Management，PAM），是指针对特权账号的访问管理，如 root、dba 等具备特殊权限的身份。在用户使用特权账号进行访问的过程中进行授权访问管理，通常分粗粒度和细粒度访问管理。粗粒度访问管理通常包含是否授权访问、控制进入被访问的实现条件，如 IP 地址、时间段等。细粒度访问管理则可以控制操作命令、访问的具体数据等。

（3）网络访问控制（Network Access Control，NAC），是指对网络资源的访问控制，典型的有网络准入控制，即符合定义条件的设备才能允许接入网络。例如，终端安全访问准入，可以要求终端设备必须安装防病毒软件并且进行物理地址登记后才能接入网络，从而控制上网设备的合规性。

（4）外部访问管理（Externalized Access Management，EAM），是指将授权工作外置到集中的外部访问管理中心，本地不再进行访问管理的决策。当访问者需要访问资源时，资源请求外部访问管理中心进行决策，确定是否允许当前的访问。这种访问管理机制简化了本地授权的工作。

（5）其他相关授权领域，包含数据访问管理、数据泄露防范、交易处理的验证等。

4. 分析（Analytic）

这部分并不严格属于 IAM 领域，但与 IAM 领域是密切相关的。

（1）用户和实体行为分析（User and Entity Behavior Analysis，UEBA），是指对用户或实体的行为进行分析，通过大数据算法识别用户访问行为的风险。

（2）安全信息和事件管理（Security Incident and Event Management，SIEM），

是身份和访问控制管理的关联领域，IAM 发现与身份相关的风险（如身份假冒、不当授权等），将发送安全事件到安全事件管理平台，进而采取安全事件响应，阻断不安全访问。

（3）在线欺诈检测（Online Fraud Detection，OFD），是指对有在线业务的用户身份相关风险的检测，如在线机器人检测，以防范身份欺诈和交易欺诈。

以上很多功能所属的领域不是严格区分的，而是交叉的，可能既属于认证也属于授权，也可能属于多个种类。

通过上述对身份和访问控制管理的阐述可见该领域涵盖的内容非常广泛，涉及面众多。由于篇幅有限，下面对身份和访问控制管理中最为核心的能力——身份治理和管理、访问控制和特权访问管理，进一步展开具体的描述。

1.2.1 身份治理和管理

一方面，当一个组织变得越来越庞大，员工数量不断增长，使得员工的入职、转正、调岗、离职、退休、返聘等情况变得越来越多。这些事件必然导致用户身份的创建、权限调整等，如果没有一个完善的流程和平台，势必导致用户身份数据混乱，权限不清晰，从而引发安全风险。另一方面，当一名员工离职时，需要将该员工所有的业务系统授权全部解除，一个典型的大型企业有30～300 套业务系统，如果没有一个高效的处理工具，那么对信息技术部门的人员来说需要检查所有的业务系统，找到相应的用户身份并解除权限，该工作量无疑是巨大的。也正是由于这个原因，很多组织的离职员工并没有完全被解除身份和访问权限，这就留下了安全隐患。

由此可见，身份治理和管理是身份和访问控制管理的基础工作，它的核心功能如下。

1. 身份生命周期管理

身份生命周期管理（Identity Life Cycle Management）是指身份如同生命一样有创建、激活、变更、终止、删除等一系列的过程。例如，当一名员工进入一家单位时，需要创建员工的数字身份，随后需要为该员工开通工作所需的各种权限，如 ERP、报销、人力资源、业务系统；当员工的工作岗位发生变动时，身份信息和访问授权需要随之进行改变；当一名员工从一家单位离职时，需要将该员工的数字身份标识为离职状态，解除其访问权限。

2. 授权管理

授权管理（Entitlement Management）是指为用户身份授予权限的过程。例如，指定经理级别的员工的企业邮箱大小为 10GB，普通员工的为 1GB。

3. 策略和角色管理

策略管理可以有很多不同的方面，如密码策略、开通策略、用户账号策略等。以用户账号策略为例，是指一家企业按照什么样的规则生成用户账号，在用户发生同名的情况下如何处理。角色管理是指用户角色的创建、管理，通常角色的定义有助于简化身份管理，不同角色的用户可以采用同一种策略，从而自动化处理身份相关的操作。

4. 工作流

身份的权限管理通常是需要进行审批和数据处理的。工作流（Workflow）通常用于 IAM 中的审批环节和数据处理环节（如需要输入信息）。

5. 访问申请和确认

访问申请和确认（Access Request and Certification）通常用于用户自助申请访问权限，从而降低身份管理的复杂度，提升灵活性。信息技术部门通常会设置一个申请界面，用于访问权限的申请，从而触发一个审批工作流，审批完成后自动获得权限。

6. 开通管理

开通（Provisioning）是指用户账号的开通。开通管理通过 IGA 平台开通业务系统的账号，并赋予相应的权限，从而能够访问该业务系统。

7. 审计管理

身份治理和管理相关的审计（Audit）包括身份管理过程的审计，如身份信息的开通、授权变更、身份终止、审批通过或驳回等。

8. 身份分析和报告

身份分析和报告（Analytic and Reporting）可以发现身份相关的安全风险，如孤立账号（业务系统中没有属主的账号）、违规账号（如不通过 IGA 平台审批开通而私自添加的账号）、不合理的权限、过度授权等。

1.2.2 访问管理

在实现身份治理和管理的基础上，访问管理将是下一步需要完成的工作。由于信息化的推进，业务系统越来越多，业务系统中的敏感信息需要进行细粒度的访问管理。同时，对访问者而言，众多的业务系统需要反复地进行身份验证，从而影响了用户体验。因此建立高效、安全和良好体验的访问管理将变得越来越有挑战。

一个高效、安全和良好体验的访问管理的核心能力通常包含以下方面。

1. 用户认证

用户进入业务系统时，通常需要验证用户的身份，通过提交访问凭证来确认访问者的身份。用户可以依据要求提交多种认证机制，通常可以分为以下几类。

（1）你所知道的（What you know?），如用户名和密码等。

（2）你所拥有的（What you have?），如短信动态码、手机二维码等。

（3）你所具备的（What you are?），如指纹、人脸等。

2. 单点登录

通常用户在进入业务系统时，需要进行用户身份认证。这意味着用户访问100个业务系统时，需要进行100次用户身份认证。对于用户来说，这将是灾难性的体验。在很多企业中，由于业务系统的开发时间跨度很长，不同的应用系统有可能使用不同的用户名和密码，而且对密码的长度和复杂度有不同的要求，这样很容易导致用户忘记密码，从而影响工作效率。

有没有办法让用户只进行一次用户认证，就能够访问所有有权限访问的业务系统呢？这就是单点登录，用户通过一次登录，即可访问所有的授权客体，不再需要进行用户认证，在复杂的环境下，可以降低用户的操作，提升用户的访问体验。

3. 访问控制策略

访问控制策略是用来确定访问主体对客体的访问规则，如何时，从何地，对客体执行何种操作。访问控制策略既可以针对访问者的身份，也可以基于访问环境来进行访问限制。

当访问控制策略针对访问者的身份时，可以制定诸如这样的规则"所有财务部门的员工均可以访问财务报表系统"。当访问控制策略针对访问环境时，可以制定诸如这样的规则"上午9点到下午6点，在办公室的计算机均可以访问门户系统"。这样就简化了访问控制的设置，提升了管理效率。

4. 访问日志管理

由于安全的需要，大多数情况下，信息技术部门需要保留用户访问的记录，这些记录可以用于安全审计、故障诊断等用途，这就是访问管理中的访问日志。它记录所有的访问行为，通常记录谁（Who），什么时候（When），从哪里（From Where）到哪里（To Where），做了什么（What），用了什么访问方式（How），具体包括登录时间、认证成功/失败、访问的路径、退出时间等。通常访问日志要求保留6个月以上。

5. 自适应访问和信任评估

自适应访问和信任评估是近年来发展起来的技术，它依据访问的数据，如前面的访问日志，通过大数据和人工智能算法对访问行为进行风险评估，并依据风险评估的结果进行动态的访问控制。例如，基于用户名和密码的认证场景下，访问者通过认证后可以对资源进行访问，这意味着用户名和密码的泄露会导致严重的信息安全威胁。但在自适应访问和信任评估机制下，认证系统不仅评估用户身份认证，同时会评估访问者的地址、访问的环境、访问的时间及访问者的操作行为。一个失窃的账号在不同的地点登录，自适应访问和信任评估就可以发现访问的风险，要求访问者出示动态密码或进行人脸识别，这样恶意访问者就无法通过进一步的用户认证，从而避免风险。

6. 粗粒度授权和细粒度授权

粗粒度授权通常是指对访问者的授权是入门级控制的，只控制用户是否可以访问该系统。细粒度授权通常有很多级别，包括菜单控制、行为控制、数据控制等。在细粒度授权下，可以对用户进行精细化控制，如用户访问该系统时只能读取数据，但不能修改；在读取的过程中，只能读取授权的几个数据字段，而不是所有的数据字段。在实现上，粗粒度授权较为容易，细粒度授权难度较高。

7. 会话管理

会话管理是指访问主体（如用户）与客体（如应用系统）建立会话，对会话进行管理的过程，包括会话的限制、会话的强制中止等。例如，IAM 系统侦测到访问风险，将访问者阻断，就是通过会话管理来实现的。

8. 安全令牌和身份协议转换

不同的信息技术环境下采用的安全令牌（Token）存在不一致的情况，使用不同的单点登录协议，如 SAML 和 OIDC 协议，它们的安全令牌就不一样。在 IAM 环境下，有时候需要对协议的安全令牌进行转换，以达到全局的单点登录能力。

1.2.3　特权访问管理

作为身份和访问控制管理中的一个分支，特权访问管理具备特殊的重要性。因为特权账号的权限几乎无穷大。

1. 特权账号的类型

（1）人员的特权账号。

人员的特权账号可以分为两种：一种是个人账号，其拥有超级权限；另一种是共享账号，分为系统定义账号和定制账号。

（2）软件和设备的特权账号。

软件和设备的特权账号大致可以分为 7 种，分别为操作系统的超级账号，如 root、administrator；数据库的超级账号，如 Oracle DBA；网络设备的超级账号，如 enable；软件机器人账号，如 RPA；应用系统的账号，如 SAP ERP 的管理员；虚拟机管理员账号；硬件控制接口的管理账号。

业界曾经由于对特权账号管理的不当，造成过非常大的事故。例如，某互联网公司由于数据库特权账号的管理不当，数据库管理员恶意删除了在线的数据库，导致业务停顿 7 天之久。

2. 特权访问管理解决方案

一个良好的特权访问管理解决方案应提供四大基础能力。首先，提供全面的特权账号，涵盖所有的信息资源，从操作系统、虚拟机管理平台，到数据库和应用的特权账号。其次，治理和控制特权访问，对特权账号进行管理和控制，遵循最小权限原则。再次，监视和审计特权账号的访问活动，记录所有特权账号的访问行为，并审计其中的违规操作。最后，自动化和集成，特权访问管理系统应能与其他安全管理系统整合，如与安全信息和事件管理系统整合。

3. 特权访问管理的核心功能

特权访问管理的核心功能很多。

（1）特权账号和会话管理。

特权访问管理解决方案应能发现个人、系统和应用所用的各种特权账号。只有拥有了所有特权账号的完整可见性，才能摆脱不必要的管理员账号，实现指定哪个账号或者哪个特定用户可以访问哪些关键资产。还可以更进一步，通过删除或禁止所有默认管理员账号的访问来加强系统安全，实现最小权限原则。而会话管理则用来监视和记录特权账号的使用，为安全专家审计特权活动和调查网络安全事件提供所需的全部信息。会话管理功能在国内通常通过堡垒机来提供。实现会话管理功能的主要挑战，是将每一个访问下的会话与特定用户关联起来。在很多公司里，员工会使用共享账号访问各种各样的系统和应用。如果他们使用相同的凭证，不同用户发起的会话，就会被关联到同一个共享账号上。为解决该问题，特权访问管理应能为共享账号和默认账号提供次级身份验证功能。这样一来，如果用户以共享账号登录系统，还需额外提供个人身份，以便确认该特定会话是由该特定用户发起的。

（2）特权升级和委派管理。

特权升级和委派管理指用户在访问过程中需要升级为特权账号，或者通过委派赋予访问者一定的特权权限。许多系统和应用的操作都需要使用特权，建立特权的委派变得非常重要。特权委派需要非常小心地进行控制和管理，可以通过限定使用地址范围，使用的时间段，或者限制一次性使用，每次使用均需要进行审批，同时对关键操作引入会同功能，并监视使用过程。

（3）秘密管理。

秘密管理主要针对访问的凭证进行管理，如 SSH 的密钥、访问的密码或令牌。秘密凭证管理的难点在于需要定期修改或更换密码或密钥。在某些访问场景下，需要对访问密码进行一次一密。对于密码和密钥需要保障高强度的安全，一旦被攻破，所有安全将不复存在。

（4）云基础设施和权限管理。

云基础设施和权限管理是对云基础设施的超级账号进行授权管理，如对阿里云、Amazon AWS 的管理账号进行管理。当前云计算的使用越来越频繁，对于云的特权访问管理是一个重大挑战。特权访问管理需要整合云厂商提供的安全访问管理方案，并整合到已有的特权访问管理方案中。

（5）用户和实体行为分析。

用户和实体行为分析工具有助于及时警示特权账号被盗或滥用。用户和实体行为分析工具分析其他特权访问管理工具记录下的数据，包括会话记录和日志，识别常规用户行为模式。如果特定用户或实体的行为开始偏离其典型模式或安全基线，系统就会将其标为可疑。目前市场上提供有独立的用户和实体行为分析解决方案，也有嵌入用户和实体行为分析功能的安全解决方案。想要高效管理特权访问，特权访问管理解决方案需要包含用户和实体行为分析功能。

1.3　身份和访问控制管理的价值

身份和访问控制管理具有非常重要的价值，主要体现在以下四个方面：信息安全的基石、管理效率的提高、用户体验的提升和业务安全保障的增强。

1.3.1　信息安全的基石

身份是对业务和数据访问的主体，身份的管理和识别是所有信息安全的基础。管理好身份信息，就是确保正确的身份在恰当的授权下对业务和数据进行访问。身份识别提供用户实名验证，身份认证中的多因子认证和生物特征识别（人脸识别、指纹识别、声纹识别等）提高了身份认证的强度。同样，对身份的正确授权也非常重要。往往信息安全事故，如数据泄露、系统宕机等，很大的一部分是由于过度授权造成的。据统计表明，超过 80% 的数据都是由于管理不当而泄露，内部管理不当造成了超过一半以上的信息安全事故。

1.3.2 管理效率的提高

在企业没有 IAM 平台的情况下,员工的入职、离职带来的一系列相关账号的开通、关闭都需要手工处理,效率极低。通过 IAM 平台,信息技术管理员可以将用户身份管理操作自动化。通过配置策略,IAM 工作流将用户账号的开通、变更、禁用、删除等操作自动化。IAM 平台简化了信息技术管理员的操作步骤,极大地提高了管理效率。

另外,IAM 平台提供的身份自助服务可以大大降低信息技术管理员手动对账号密码的重置、权限的申请等工作。同时,身份管理的报表功能可以快速查询用户的权限,通过审计功能,减少过度授权的情况。

1.3.3 用户体验的提升

实行数字化后,用户面对越来越多的信息系统,会出现登录不同的系统需要输入不同的认证信息、安全规则要求定期修改密码、忘记密码所引起的重置过程烦琐、申请权限时间过长影响工作效率等各式各样的问题,这些都是导致用户体验急剧下降的原因。

IAM 平台可以有效地解决这些问题,通过单点登录、自助服务、门户导航等功能,为用户提供一站式的信息系统访问,提升用户体验。

1.3.4 业务安全保障的增强

当前,业务变化越来越快,与身份和权限相关的更改变得越来越频繁。信息技术管理员调整业务系统的权限不当会造成重大损失。IAM 平台的权限管理功能简化了调整的难度,加快了调整的效率,降低因手工失误造成授权不当的安全威胁。

通过实施针对客户端用户的身份管理系统,进行用户行为分析,可以提升营销过程中对用户的理解,阻止恶意用户的注册、薅羊毛和恶意攻击,增强数字化转型的业务安全保障。

1.4 身份和访问控制管理的趋势

身份和访问控制管理如今变得越来越重要,信息化从企业内网开始,逐步延伸到互联网,再到云,直到物联网。信息技术变化和安全威胁如图 1-2 所示。

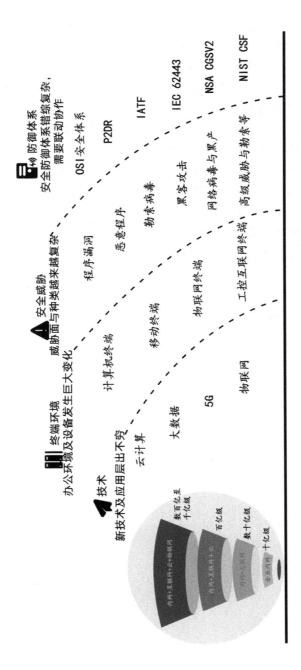

图 1-2　信息技术变化和安全威胁

环境的变化带来了多方面的影响。

首先，原有基于边界的访问（如防火墙、入侵检测）的安全架构，随着互联网、物联网和云的发展，物理边界越来越模糊，无法再用物理边界的访问控制来确保安全。在随时随地访问信息的情况下，身份成为新的防护边界。

其次，信息安全形势恶化，安全攻击更具目标性，以企业和政府为明确目标的攻击有泛滥之势，如商业间谍和勒索行为。企业内网不再是安全区，所有的访问均需要确保访问者身份，包括访问的设备、访问的用户身份。

最后，数字化推进使得业务系统越来越多，应用的微服务化、移动化、云化，使得应用程序接口（Application Programming Interface，API）的调用越来越频繁，数字化过程中涉及员工访问应用、合作伙伴访问业务、信息技术管理员访问系统、客户访问应用、应用访问应用、物联网访问后台大数据等，这个过程中涉及全面的身份和访问控制。

据 Gartner 的调查报告显示，没有 IAM 平台，到 2023 年超过 80% 的企业将无法满足安全、合规和业务扩展的需求。

第2章　身份和访问控制管理的驱动力

本章主要描述驱动身份和访问控制管理系统建设实施的各种因素，首先从法律法规层面解读，并剖析近年来不断增长的安全需求，以及企业数字化转型和降本增效的需求，最后探讨用户体验和业务赋能相关的驱动力。

2.1　法律法规要求

随着近年来数据安全事件、个人信息泄露事件频发，各国都相继颁布数据安全和个人信息保护相关的法律法规。我国于 2007 年颁布《信息安全等级保护管理办法》规范信息安全等级保护管理，以提高信息安全保障能力和水平，维护国家安全、社会稳定和公共利益，保障和促进信息化建设。2017 年 6 月 1 日《中华人民共和国网络安全法》（简称网络安全法）正式实施，网络安全法是我国首部全面规范网络空间安全管理方面问题的基础性法律，包含了网络运行安全、关键信息基础设施的运行安全、网络信息安全等内容。网络安全法在数据（包括个人信息）安全与保护上也有诸多规定。2021 年，我国颁布《中华人民共和国数据安全法》规范数据处理活动，保障数据安全，促进数据开发利用，保护个人、组织的合法权益，维护国家主权、安全和发展利益。

在其他国家和地区，如欧盟于 2018 年 5 月 25 日正式实施了《通用数据保护条例》（General Data Protection Regulation，GDPR），是一项保护欧盟公民个人隐私和数据的法律，其适用范围包括欧盟成员境内企业的个人数据，也包括欧盟成员境外企业处理欧盟公民的个人数据。

美国已有多个州在数据安全与隐私保护方面进行了立法，其中最著名的要数 2018 年 6 月加利福尼亚州通过的《加利福尼亚州消费者隐私法案》（California Consumer Privacy Act，CCPA）。该法案被称为美国最严厉和最全面的个人隐私保护法案。

依照相关法律法规，企业必须谨慎处理所有对数据隐私的威胁。这些法规要求企业必须拥有用户身份验证的技术实施来实现隐私设计。这就需要一个 IAM 平台，为访问数据的每个用户提供敏感信息的受控访问，从用户第一次获得访问权限开始，随着用户的角色发生变化，直到用户不再需要访问数据。

这些法律法规涵盖了身份和访问控制管理的要求，下面将详细阐述具体的要求。

2.1.1 安全等级保护

2007 年，《信息安全等级保护管理办法》的颁布，标志着等级保护 1.0 正式启动。在 2008 年至 2012 年期间陆续发布了等级保护的一些主要标准，构成等级保护 1.0 的标准体系，其中包括 2008 年发布的《信息安全技术——信息系统安全等级保护基本要求》（GB/T 22239—2008）。2017 年，网络安全法的实施，标志着等级保护 2.0 正式启动。等级保护标准体系具有很强的实用性：它是监管部门合规执法检查的依据，是我国诸多网络信息安全标准制度的重要参考体系架构，是行业主管部门对下级部门网络安全建设指引标准的重要依据和参考体系。由等级保护标准衍生了诸多行业标准，如金融行业等级保护标准、能源行业等级保护标准、教育行业等级保护标准等。总体来说，等级保护标准体系是网络安全从业者开展网络安全工作的重要指导依据。

根据谁主管谁负责、谁运营谁负责、谁使用谁负责的原则，网络运营者成为等级保护的责任主体，如何快速高效地通过等级保护测评成为企业开展业务前必须思考的问题。

等级保护通常需要 5 个步骤。

（1）定级。按照自主定级的原则，企业根据系统遭受破坏后造成的影响程度确定安全保护等级，企业主管部门使用相关模板起草定级报告，并组织专家进行定级评审，内部审核通过后，提交公安机关审核。

（2）备案。企业提交备案材料到所在地的公安机关备案，新建二级及以上信息系统在投入运营后 30 日内备案，已运行的二级及以上信息系统在等级确定 30 日内备案。公安机关对信息系统备案审核，符合要求的颁发等级保护备案证明。

（3）测评。企业选择合规测评机构，定期对信息系统安全等级状况开展等级测评，测评机构出具测评报告和测评结果通知书。三级及以上信息系统至少每年测评一次。

（4）建设整改。企业按照等级保护标准要求建设信息安全设施，建立安全组织，制定并落实安全管理制度。对于未达到安全等级保护要求的，企业进行整改。整改完成后将整改报告报公安机关备案。

（5）监督检查。公安机关根据信息安全等级保护标准，定期对信息系统进行安全检查，企业接受公安机关的安全监督、检查和指导，如实提供相关材料。

　　信息系统按重要程度由低到高分为 5 个等级，第一级为用户自主保护级、第二级为系统审计保护级、第三级为安全标记保护级、第四级为结构化保护级、第五级为访问验证保护级。根据不同客体受到侵害的程度对应不同的安全保护等级，不同的安全保护等级分别对应实施不同的保护策略。定级要素与安全保护等级的关系如表 2-1 所示。

表 2-1　定级要素与安全保护等级的关系

受侵害的客体	对客体的侵害程度		
	一般侵害	严重侵害	特别严重侵害
公民、法人和其他组织的合法权益	第一级	第二级	第三级
社会秩序、公共利益	第二级	第三级	第四级
国家安全	第三级	第四级	第五级

　　如何才能证明信息系统已经符合安全等级保护的要求了呢？目前这主要是由公安部授权委托的全国一百多家测评机构对信息系统进行安全测评，测评通过后出具等级保护测评报告，拿到了该测评报告就证明该信息系统符合安全等级保护的要求。

　　信息系统等级保护相关要求和等级如图 2-1 所示。测评机构依据国家网络

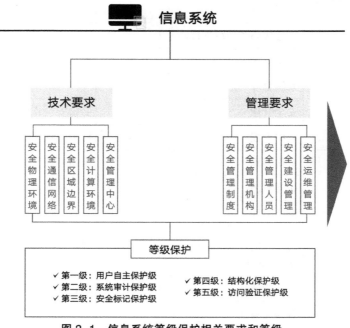

图 2-1　信息系统等级保护相关要求和等级

安全等级保护制度规定，按照有关管理规范和技术标准，对非涉及国家秘密信息系统、平台或基础信息网络等定级对象的安全等级保护状况进行检测评估活动。其中，技术要求包括安全物理环境、安全通信网络、安全区域边界、安全计算环境和安全管理中心；管理要求包括安全管理制度、安全管理机构、安全管理人员、安全建设管理和安全运维管理。

等级保护 2.0 中的等级对应的安全要求分为通用要求和行业细分要求。通用要求的检查列表中包含每个等级对应的详细技术要求和等级保护技术要求控制点（表 2-2）。其中和身份安全相关的安全提升点有 24 项。

表 2-2 等级保护技术要求控制点

序号	类别	控制点	基于身份安全提升	安全提升点
1	网络安全	网络架构	√	统一访问入口与端口安全
2		通信传输	√	SSL/TSL 网络准入
3		可信验证	√	身份鉴别与身份强认证
4		边界防护	√	内部身份治理与外部身份治理
5		访问控制	√	安全认证与统一访问
6		入侵防范	√	身份鉴别
7		恶意代码和垃圾邮件防范		
8		安全审计	√	身份与行为审计
9		系统管理		
10		安全管理	√	身份安全管理
11		集中管控	√	账号与认证集中管控
12	主机安全	身份鉴别	√	身份开通与鉴权
13		访问控制	√	安全认证与统一访问
14		安全审计	√	身份与行为审计
15		入侵防范	√	身份鉴别
16		恶意代码防范		
17		可信验证	√	身份鉴别与身份强认证
18		数据完整性		

续表

序号	类别	控制点	基于身份 安全提升	安全提升点
19	应用安全	数据保密性	√	身份权限集中管控
20		数据备份恢复		
21		剩余信息保护		
22		个人信息保护	√	身份信息加密与使用控制
23		身份鉴别	√	身份开通与鉴权
24		访问控制	√	安全认证与统一访问
25		安全审计	√	身份与行为审计
26	系统运维 管理	环境管理	√	特权账号管理
27		设备管理	√	服务器维护认证与权限管理
28		网络和系统安全管理	√	身份堡垒与认证
29		漏洞和风险管理		
30		恶意代码防范管理		
31		配置管理		
32		密码管理	√	集中安全认证与密码加密
33		外包运维管理	√	外部人员身份管理

　　解读以上等级保护技术要求控制点条款，可以分析出信息系统对于满足等级保护要求的功能：需要实现身份的集中化管理、实现高强度认证和多因子认证、要求严格进行权限控制及进行安全审计。

　　随着等级保护法律法规的推进，将促使企业制定出全面的、有具体量化指标的、可落地的身份安全和信息安全解决方案。

2.1.2　网络安全法

　　随着我国对网络安全的重视程度不断提高，网络安全法应运而生。在历时一年多的立法过程后，网络安全法于 2016 年 11 月 7 日由第十二届全国人大常委会第二十四次会议表决通过，于 2017 年 6 月 1 日正式生效。网络安全法是我国第一部全面规范网络空间安全管理方面问题的基础性法律，为将来可能的制度创新做了原则性规定，为网络安全工作提供切实法律保障。

　　网络安全法共七章七十九条，明确了多方面的网络安全要求，包括维护国家网络空间主权、保护关键信息基础设施与重要数据、保护个人隐私信息、明确各方网络安全义务等。

在个人信息层面,网络安全法强调信息及隐私的保护,规范了信息的收集和使用,企业的关注点应从单纯的"数据安全"延展至影响范围更广的"个人隐私保护"。对关键信息基础设施的保护提出了较高的要求,明确了关键信息基础设施的范围。对于敏感信息,要求在境内运营收集或产生的,应在境内存储。网络关键设备和网络安全专用产品应在安全认证合格后,方能销售或提供。网络安全法明确了处罚措施,包括暂停业务活动,严重的违法行为将导致停业整顿或吊销执照,处罚金额最高可至 100 万元。

网络安全法第七十六条明确规定网络运营者包含网络的所有者、管理者和网络服务提供者。在此定义下,网络运营者所适用的范围将大为扩展。通过网络提供服务、开展业务活动的企业及机构,都可能被视为网络运营者。网络安全法明确了网络运营者的多项安全职责。例如,第二十一条要求,国家实行网络安全等级保护制度;第五十九条规定,网络运营者不履行本法第二十一条、第二十五条规定的网络安全保护义务的,由有关主管部门给予处罚。

等级保护 1.0 标准依据的最高国家政策是《中华人民共和国计算机信息系统安全保护条例》,等级保护 2.0 标准依据的最高国家政策是网络安全法,从条例层面提升到法律层面,不实施等级保护的单位和个人将承担相应法律责任。

2.1.3 数据安全法

2021 年 6 月 10 日,第十三届全国人大常委会第二十九次会议表决通过了《中华人民共和国数据安全法》(简称数据安全法),自 2021 年 9 月 1 日起施行。

数据安全法的颁布不仅标志着我国有了对数据安全保护的专项法律,也体现出国家对数据安全的重视,这意味着从此数据活动在我国将步入正规化,数据安全将迎来新一轮的发展。数据作为信息安全的核心要素,一直以来都是网络机密信息的载体,数据安全影响的不仅是个人、企业,甚至关乎国家安全。

作为数据领域的基础性法律,数据安全法立足数据安全工作的实际,聚焦数据安全领域的突出问题,确立了数据分类分级管理,数据安全风险评估、监测预警、应急处置,数据安全审查等基本制度,并明确相关主体的数据安全保护义务。

数据安全法的出台把数据安全上升到了国家安全层面,基于总体国家安全观,将数据要素的发展与安全统筹起来,为我国的数字化转型提供法治保障。数据安全保护责任和业务涉及数据活动的全流程,数据伴随着业务和应用,在不同载体间流动和留存,贯穿信息化和业务系统的各层面、各环节。

数据安全法第三条明确指出，要确保数据处于有效保护和合法利用的状态，以及具备保障持续安全状态的能力。数据安全法第十四条指出，国家实施大数据战略，推进数据基础设施建设，鼓励和支持数据在各行业、各领域的创新应用；省级以上人民政府应当将数字经济发展纳入本级国民经济和社会发展规划，并根据需要制定数字经济发展规划。

数据安全法第二十一条明确了国家建立数据分类分级保护制度，确定了数据分类分级的基本原则，要求第制定重要数据目录，并明确了核心数据的定义与管理要求；同时在第二十二条和第二十三条中明确了国家建立集中统一的数据安全风险评估、报告、信息共享、监测预警机制和数据安全应急处置机制。基于数据安全违规场景，法律更加细化了违规法律责任，在数据安全法第二十七、二十九、三十、三十三条中对违法的数据活动制定了一系列的法律措施，促使数据活动更加正规正当，从而维护公民的个人隐私及数据安全。对于违反国家核心数据管理制度，危害国家主权、安全和发展利益的，将被依法处罚，情节严重的甚至会追究刑事责任。

企业需要通过构建集中用户管理中心，打通各异构系统之间的用户身份数据通道，实现用户管理、账号管理、权限管理、审计管理、应用管理及自助服务，满足数据安全法对企业数据保护具备持续安全状态的要求，帮助客户构建准、快、稳的安全防护和安全可靠的数字空间，保障数据交易行为的安全和高效。

2.2　安全需求增长

随着数字业务在各行业中的持续增长，许多现有的业务模式被颠覆，企业需要面对不断增加的来自内部和外部极具复杂性的业务挑战，在这种背景下，IAM 相关需求保持持续增长趋势。

2.2.1　网络安全事件的应对

近年来，网络安全事件频发，特别是越来越频繁的网络勒索攻击层出不穷。例如，2021 年 4 月 27 日，美国华盛顿特区大都会警察局内部系统遭黑客入侵，部分数据文件被窃，并且黑客向警方提出勒索赎金；2021 年 5 月 9 日，由于大型燃油运输管道运营商 Colonial Pipeline 遭网络黑客攻击，美国政府宣布进入国家紧急状态；2021 年 5 月 14 日，某职业勒索组织宣称日本东芝公司法国分公司 740GB 机密信息和个人资料被其窃取。

在多起事件背后，都能看到"勒索软件即服务"（Ransomware-as-a-

Service，RaaS）的身影，即使是不懂编程的人，购买一个勒索软件，也可以轻易实施勒索攻击。我国的国家计算机网络应急技术处理协调中心编写的《2020年中国互联网网络安全报告》中显示，2020年全年捕获勒索病毒软件 78.1 万余个，较 2019 年同比增长 6.8%。勒索病毒逐渐从广撒网转向定向攻击，表现出更强的针对性，攻击目标主要是大型高价值机构。同时，勒索病毒利用漏洞入侵，以及随后的内网横向移动过程的自动化、集成化、模块化、组织化特点越发明显，攻击技术呈现快速升级趋势。勒索方式持续升级，勒索团伙将被加密文件窃取回传，在互联网或暗网站点上公布部分或全部文件，以威胁受害者缴纳赎金。面对这种安全威胁，企业需要尽快建立相关防范策略和安全体系。

已知的勒索软件多数是通过服务器或主机的安全漏洞进行传播。例如，关键账号存在弱口令或无认证机制；无访问控制策略，服务端口暴露在互联网上；操作系统和软件存在高危漏洞，这些漏洞被勒索软件利用，上传加密勒索软件、加密客户数据并执行勒索操作，实现远程攻击。

2.2.2 基于身份安全建立边界

身份不再是新的边界，而是最后的边界。身份数据是用于访问控制的最为相关的数据来源。典型的如零信任网络访问（Zero Trust Network Access，ZTNA），其使用 IAM 基于身份信息的信任模式代替基于网络位置的信任模式。ZTNA 供应商和基于零信任原则的 IAM 供应商之间的交集变得越来越大；ZTNA 隐藏企业应用和服务避免被发现和攻击，结合基于身份的屏障形成抵御攻击者的最佳防御措施。

零信任网络访问与传统的安全边界控制相比，是一种灵活、可扩展、可靠和更加集成的数字资产访问控制方法，通过将控制平面与执行点（设备、用户和应用程序）分离，集中管理和执行访问控制策略。与 ZTNA 取代虚拟专用网（Virtual Private Network，VPN）用于员工远程访问的方式相同，IAM 将遵循网络安全架构方法，将更多的 ZTNA 功能包含到融合的统一访问管理模型中。

通过建立互联网用户体系的身份管理体系，将所有用户包括外包人员、供应商、消费者、合作伙伴等用户群体，以及企业的互联网业务纳入身份管理平台进行认证、授权、审计的集中管控，可以确保来自用户或终端的访问身份和请求符合企业的管理要求和相关策略；互联网用户通过访问认证之前，资源对用户隐身；即便用户通过访问认证和授权，成功进入网络，零信任架构依旧可以阻止用户漫游到未经授权的区域，从根本上降低互联网攻击面。即便勒索病毒侵入企业的某个服务器，也不能通过内网横向移动进一步扩大攻击。因此基于零信任架构的身份安全体系可以对企业的安全建设和访问控制进行高强度的安全保护，使企业数据"隐身"于互联网，让黑客无从发起攻击，从而实现真正的互联互通。

2.3　数字化转型

数字化转型意味着采用新技术来实现企业业务流程和客户体验实践，响应企业员工、用户和消费者的需求。新技术的采用改变开展业务的方式。例如，使用协作工具，远程办公的企业员工提高了沟通效率和工作方式；物联网（Internet of Things，IoT）设备改变整个组织收集信息的方式；用户使用移动App 与企业建立联系。无论采用何种数字化转型方式来增加收入或是降低运营成本，企业的整个业务模式都将开始转变。

所有的数字化业务都需基于"人"进行，对于业务的安全防护也需基于"人"进行，可以说身份管理是企业业务安全防护的基础。统一身份管理平台需要整合企业内部应用、云应用、网络设备等基础设施资源，进而解决账号管理、认证管理、授权管理、应用管理和安全审计等相关问题，确保合法用户安全便捷地使用企业的各种数据资源，提高工作人员的协同率和运营效率，有效保障企业内外部业务安全。

简化用户的操作、职责或流程，创建以身份为中心的数字化转型战略。对于其中相关的技术，需要关注哪些人员需要访问该技术、他们如何理想地使用该技术、他们需要哪些技术中的资源、如何控制他们的访问以防止未经授权的访问这几方面。

这些技术定义访问系统的人员、内容、地点、时间、方式和原因。通过基于身份管理制定企业数字化转型战略，为管理这些新技术带来的数据隐私和安全风险奠定基础。

在数字化转型过程中，企业的身份安全会面临各种问题和挑战。一方面，企业面临合规的要求，我国发布了包括《中华人民共和国网络安全法》、《网络安全等级保护测评机构管理办法》等在内的超过三十部与网络安全相关的政策、法规、条例、细则、征求意见稿。这也意味着网络安全在国家层面受到的重视程度正在不断提高。而企业在发展过程中也必须引起重视，及时调整安全策略。另一方面，企业面临的安全风险不仅是外部的恶意攻击，而且还包含内部的误操作或"蓄意报复"等情况，据波耐蒙研究所（Ponemon Institute）发布的《2018 年全球组织内部威胁成本报告》显示，64% 的企业信息泄露是由员工和承包商的疏忽导致的。随着云计算、大数据、物联网、移动应用等技术的组合运用，企业的网络边界显现出模糊化趋势。内网应用推向互联网，传统基于网络或设备边界的安全防御技术难以应对新型威胁。企业安全部门应当构建全面而完整的数字化身份治理流程，同时数字化身份治理应减少人为干预，否则容易陷入看似忙碌实则低效的境地。

传统企业在推进数字化转型的过程中，身份安全管理如果没有正确实施，往往会出现各种问题。例如，由于需要通过申请预算和立项来落实业务创新和信息系统建设，项目制的信息系统建设方式要避免形成"系统烟囱"与"数据孤岛"信息化困境；在信息化建设过程中，网络防护、数据保护、黑客入侵防范等建设往往先行，忽略了身份与访问控制管理，从而形成信息安全短板；还有企业虽然实施了身份统一管理，然而相关安全管控流程和制度没有落地，造成的结果是一方面安全没有管控，另一方面安全部门难以推动；很多企业在数字化身份治理过程中，认为统一管理好员工的账号即是做好了身份治理，然而内部员工账号管理只是起步，身份治理不仅是治理员工身份，而且包含客户端身份、特权身份、API 身份、IoT 身份等。

因此数字化转型既提出身份安全管理的需求，同时也进一步提升了相关管理规范和实施落地的要求。只有这样，企业才能在数字化转型过程中通过身份安全治理获益。

2.4　降本增效

IAM 平台技术的总体拥有成本（Total Cost of Ownership，TCO）经常与软件许可、支持和服务成本相关的直接成本混淆。IAM 解决方案的 TCO 不仅需考虑初始技术成本，还需考虑持续的人员、许可和维护流程成本。TCO 为组织的管理层提供了与实施 IAM 解决方案相关成本的完整视图。对于 IAM 解决方案，从总体上看，需要考虑以下关键领域。

1. 技术成本

技术成本主要由 5 类成本构成，即软件许可成本、软件维护成本、硬件成本、系统集成成本和实施成本，分别表示用户购买 IAM 软件许可、软件维护、系统运行所需硬件设备、系统集成及系统实施的费用。

2. 人力成本

人力成本主要由 3 类成本构成，即人工成本、年度系统运营支持成本和年度培训成本，分别表示参与 IAM 系统实施的企业相关人员、供应商、合作伙伴的人工费用，系统运营每年产生的人力费用，培训相关人员使用 IAM 系统的费用。

3. 过程成本

过程成本主要由 3 类成本构成，即新流程创建成本、流程再造成本和规则制度成本，分别表示 IAM 相关业务流程梳理和建立、流程优化和改造，以及实施配套的规则制度建立和完善涉及的相关费用。

身份安全系统降低企业运营成本体现在各种不同应用场景中，员工的入职、离职、岗位变化等信息的管理是身份安全管理的一个重要应用。但是信息技术管理员在活动目录和企业应用程序之间同步人力资源的用户记录是一项挑战。随着越来越多的人加入组织，以及随时间推移用户角色发生改变，手动更新和维护这些信息会变得越来越困难。如果没有身份安全管理系统提供相关机制，相关信息不同步，就会造成潜在的安全风险和管理漏洞，通过信息技术管理员和业务人员在不同的系统中维护相关信息，不仅需要投入大量的人力，而且容易出现错漏，导致信息的不同步或不一致。

对于企业用户而言，审计是一项复杂且烦琐的工作，审计过程中需要关注的问题很多。例如，离职员工是否仍然活跃？正确的角色是否可以访问正确的系统和应用？以往生成这些审计报告需要从多个系统进行耗时的数据收集，而身份安全管理平台的审计功能可以为企业和审计师提供更轻松的审计体验。借助账号的自动化生命周期管理，合规审计成为简单的任务，这样企业相关部门和人员的生产力得到提升，无须花费额外的时间和精力。

身份安全管理系统能带来许多量化和非量化的收益，如通过特权账号管理实现自动化的账号创建、变更、回收及重置密码工作，可以有效提升信息技术部门的运维效率；内部用户离开和外部用户注销时其账号及时停用，可以减少或消除账号重复创建；通过集中的用户管理模块、访问认证模块及合规审计模块的统一建设，可以有效降低企业信息化重复投入；通过统一认证与单点登录，可以缩短用户从打开网页到登录系统的访问时间，提高访问效率；通过减少用户凭证保护和访问权限管理的复杂性和开销，形成标准化、规范化、敏捷度高的身份管理平台，可以为企业的经营发展提供保障，提高企业生产力；通过实现身份管理和相关实践，向客户、合作伙伴、供应商和员工开放融合的企业业务，可以提高企业效率，降低运营成本，为企业带来竞争优势。

2.5　用户体验

用户体验是企业信息系统的关键成功因素。因此，在规划和实施新的业务系统时，集成包括 IAM 平台在内的相关组件至关重要。这不仅可以满足用户访问需求，还可以确保用户在企业业务流程的不同系统和组件之间获得一致的体验。在起步阶段，企业可以通过实施一个通用访问门户将关键组件组合在一起，这样的门户入口可以隐藏底层实现的复杂性并支持开放架构。

基于风险的自适应身份认证系统通过多个风险指标来认证用户身份。为用户透明的身份认证提供了增强的用户体验，用户只会在高风险场景中要求额外的身份认证。自适应身份认证的工作原理是，收集有关用户及其常见使用模式的信息，当用户出现原有模式之外的行为时，在其访问系统或数据前，系统发起额外的身份认证。自适应身份认证系统中的风险管理组件通过规则引擎将组织策略转换为控制决策和操作。根据实时收集的风险指标、策略信息和欺诈检测系统的输入数据，动态决策是否需要额外的身份认证。

IAM 平台的实施将在以下几方面提升企业用户体验。

（1）为访问请求管理提供统一的企业级平台。

（2）为访问审计提供统一的企业级平台。

（3）为业务决策提供清晰统一的商业语言。

（4）为用户登录流程和会话管理提供统一单点登录机制。

2.5.1　个性化用户体验

对于任何一款应用系统，不管是企业应用系统还是互联网应用系统，用户都期望与该应用系统的互动能够迎合其需求。IAM 可以帮助企业了解用户，就如何与用户互动做出更明智、更个性化的选择。

对于用户来说，支持社交账号登录可以方便快速地提升个性化用户体验。由于互联网在线数字身份由多家分散的企业或组织颁发，如支付宝、微信、百度等都有自己的用户账号，用户需要记住不同网站的用户名和密码，会出现用户名和密码过载问题，即用户由于处理太多的数字身份，导致他们进行多次用户名和密码重置，降低用户体验且影响数字业务的开展。企业身份安全用户认证系统支持社交账号登录，不仅可以避免用户为了访问应用系统需要记住多个用户名和密码，而且可以避免用户在多个应用系统上都使用相同的账号，造成潜在的安全隐患；用户可以直接用社交账号注册和登录系统，并且当用户用自己的社交账号登录企业应用网站时，系统能够从用户的社交账号中获取用户信息，如真实姓名、生日等，通过将这些数据直接关联企业用户账号，可以避免用户信息的反复输入，提高交互效率，提升用户体验。

2.5.2　管理用户体验

首先举一个和用户体验相关的例子。用户拨打企业的热线电话想得到帮助，如果电话另一头的客服人员不了解用户的信息及用户过往的沟通记录，那用户就要反复说明他的身份信息及他之前碰到的问题，客服人员可能还需要把电话转接给其他部门，用户又要反复对不同的人诉说相同的信息，这样的体验是极不好的。

身份管理不仅是存放和管理用户名和密码，随着定制化和个性化服务变得越来越流行，集中统一跟踪各种不同数据的身份安全管理系统将变得更加有价值。身份管理系统可以创建用户的完整视图，企业的相关系统可以集中获取所有用户信息及访问相关数据。每个用户都会设置一个基本概要文件，除了存储用户信息，也可以存储任何与用户相关的数据，如用户拥有哪些设备、登录的次数、登录方式、登录历史、是否已经验证电子邮件等。

有了这些能力，上面例子中企业的客服系统可以和身份管理系统打通，企业客服人员可以快速提取用户信息，生成用户的结构化数据视图，包括用户所有的沟通记录及产品使用信息，从而使个性化的技术支持变得轻而易举，也大大提升了用户的满意度和解决问题的效率。

2.6　业务赋能

2.6.1　支持企业战略业务需求

企业管理层需要关注 IAM 如何赋能业务场景。例如，企业通过收购实现业务增长，在这种企业战略目标指导下，可以围绕解决方案提供符合敏捷性要求的 IAM 平台架构，更快地整合被收购组织的员工并缩短实现生产力提升的时间。另外，如果企业计划通过扩大其销售队伍、提供移动技术以提高销售队伍的工作效率，IAM 可以围绕提高移动设备上的关键数据安全性并集成移动解决方案以确保企业销售数据的访问得到保护。对于每个战略目标，可能同时需要改进访问控制、了解谁在使用哪些系统、提高生产力及保护敏感数据等相关功能。

许多案例表明 IAM 的改进对于企业战略的成功是非常必要的。企业实施 IAM 需要从业务角度进行思考，并准确了解对业务成功而言重要的是什么。IAM 解决方案更需要从业务价值场景出发，明确阐述如何支持企业实现战略相关业务需求。

2.6.2　平台赋能

以容器、Kubernetes、微服务等为代表的云原生技术，经过近几年的发展，在弹性扩展、降低使用成本、技术成熟度等方面均取得了进步，成为赋能业务创新的重要推动力。其应用场景也由一开始的以互联网企业为主，逐步扩大到金融、制造业等传统行业，并已经逐步深入企业的核心业务，给企业的数字化转型带来了极大的助力。

结合云平台全方位企业级安全服务和安全合规能力，云原生技术可以保障企业应用在云上安全构建，业务安全运行。随着云原生技术的不断发展与落地，在实际的应用中云原生安全包含两层含义，一层是面向云原生环境的安全，另一层是具有云原生特征的安全。面向云原生环境的安全是保护云原生环境中的容器、编排系统和微服务等的安全，而具有云原生特征的安全则是具有云原生特征的安全防护机制，这些特征包括弹性敏捷、轻量级、可编排等。

身份安全系统是云原生平台的基础能力之一。国际领先的云安全组织——云安全联盟发布的云安全访问控制矩阵中，IAM 属于云服务供应商需要提供的16 项云安全访问控制领域之一。云安全访问控制领域如表 2-3 所示。

表 2-3　云安全访问控制领域

编号	领域	中文名	编号	领域	中文名
1	AIS	应用与接口安全	9	HRS	人力资源安全
2	AAC	审计保证与合规	10	IAM	身份和访问控制管理
3	BCR	业务连续性管理与业务弹性	11	IVS	基础设施和虚拟化安全
4	CCC	变更控制和配置管理	12	IPY	互操作性和可移植性
5	DSI	数据安全与信息生命周期管理	13	MOS	移动安全
6	DCS	数据中心安全	14	SEF	安全事件管理、电子证据和云取证
7	EKM	加密与密钥管理	15	STA	供应链管理、透明度和责任
8	GRM	治理和风险管理	16	TVM	威胁与漏洞管理

采用公有云和私有云部署分离的方式：核心业务部署在私有云上，满足行业监管和数据安全要求；普通业务部署在公有云上，能够利用公有云强大的计算能力，同时节约成本。

包括身份安全在内的基础设施，简化和加速企业应用迁移上云，使用容器、多元算力、无服务器（Serverless）、分布式云等技术，对应用的底层架构进行重构，实现承载应用的基础设施资源的高弹性和高可用，最大化利用云平台的技术和优势，帮助用户实现资源的智能调度、简化运维、降低成本，将开发人员从烦琐的资源管理和运维等低价值工作中释放出来，聚焦于应用开发和业务创新等能给企业带来高价值的工作，实现企业业务赋能。

第 2 篇　深入篇

本篇共两章，即第 3 章和第 4 章，主要涵盖如下问题。

- 身份和访问控制管理各个组件是如何实现的？
- 如何建立身份治理和统一认证？
- 特权身份管理是如何实现的？
- 如何实现安全的 API 访问？
- 身份和访问控制管理相关的技术有哪些？
- 单点登录协议是如何实现的？

第3章 身份和访问控制管理平台的构建

本章从平台架构，到身份治理、身份认证，再到特权访问管理、权限管理，最后到 API 的安全认证和风险分析，详细描述身份和访问控制管理平台的构建。

3.1 身份和访问控制管理平台架构

身份和访问控制管理平台的主要功能组件包括集中身份管理、统一身份存储、统一认证管理、统一授权管理、统一密码管理、流程审批管理、统一单点登录、集中审计管理及集成接口。

3.1.1 集中身份管理

建立统一用户身份视图，作为企业的统一身份信息源，实现信息系统用户身份信息的集中管理，提供统一的用户身份生命周期管理、审批工作流管理、委派管理和用户自助服务（如密码重置、用户属性修改、各应用账号密码同步等）等功能。

应用账号信息同步，将各信息系统中原有的用户信息、角色信息通过数据同步机制与身份管理平台（Identity Manager，IDM）上的信息进行同步，形成通过集中管理平台管理整个企业用户的身份信息（主账号）及对应信息资源系统的访问权限（从账号）视图。

3.1.2 统一身份存储

统一身份存储为所有信息系统用户分配唯一的用户账号，统一管理所有用户的账号信息及用户登录系统方式，配置密码策略，如密码长度策略、密码复杂度策略、密码更换策略等。它是承载用户身份和鉴别信息统一存储，并实现这些信息集中统一管理的子系统。

3.1.3 统一认证管理

用户的多样化使得用户的安全级别不同，统一认证管理与单点登录系统支持多种身份强认证方式，如静态密码、动态密码、二维码扫描认证、桌面集成认证、数字证书、USB Key、生物特征识别认证等来适应企业对多种安全级别的需求。

3.1.4 统一授权管理

平台提供统一的界面对企业用户与资源系统应用账号、应用角色进行关联授权，以达到对资源应用系统权限的细粒度分配。集中访问授权里强调的"集中"是逻辑上的集中，而不是物理上的集中。即管理员在平台上可以对各自管理的应用对象进行授权，而不需要进入每一个被管理的应用对象才能授权。授权的对象包括应用账号、应用角色。

3.1.5 统一密码管理

平台通过主从同步机制确保用户的主账号、密码与各应用系统的从账号、密码一致，解决用户记录多个应用系统的账号、密码问题，简化企业应用的密码管理。

3.1.6 流程审批管理

针对企业安全管理规范，对指定的信息变更、权限开通等（如用户部门变更、岗位变更、职工返聘、应用系统权限开通等）需要通过多层级审批后生效。

平台提供层级审批机制，主要实现可视化、集中化的审批流程引擎，实现多种审批方式，包括平台审批、邮件审批、短信验证码审批等。

3.1.7 统一单点登录

平台具有完善的单点登录体系，可安全地在应用系统之间传递或共享用户身份认证凭证，用户不必重复输入凭证来认证身份。

用户首先访问统一认证产品的认证页面，经过身份鉴别后，按照指定的权限单点登录到各个应用系统。此种应用场景可以充分发挥统一认证单点登录的优势，通过客户端 Agent 插件技术手段整合 B/S 架构、C/S 架构应用系统，方便用户使用。

3.1.8 集中审计管理

审计日志功能支持对集中身份管理与认证各种操作的日志记录，特别是对为的记录和跟踪，符合国内信息安全标准。

审批行为、异～～～从日志记录汇总生成报表，能够从不同用户角色智能展现。
报表功～～

～接口

3～接口实现与其他信息系统用户身份信息的获取和同步。

　为其他信息系统提供统一的授权服务。

　～设施集成接口实现与公钥基础设施系统的集成。

　证软件开发工具包（Software Development Kit，SDK）提供标准的～ML、Form-based、CAS 等认证协议 SDK。

　平台功能架构中各个组件和子组件的分层关系如图 3-1 所示。

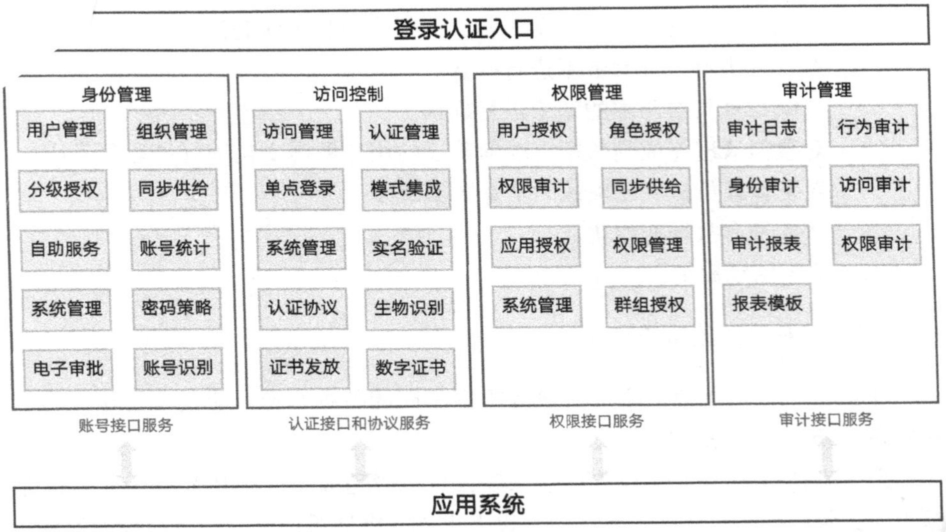

登录认证入口

身份管理		访问控制		权限管理		审计管理	
用户管理	组织管理	访问管理	认证管理	用户授权	角色授权	审计日志	行为审计
分级授权	同步供给	单点登录	模式集成	权限审计	同步供给	身份审计	访问审计
自助服务	账号统计	系统管理	实名验证	应用授权	权限管理	审计报表	权限审计
系统管理	密码策略	认证协议	生物识别	系统管理	群组授权	报表模板	
电子审批	账号识别	证书发放	数字证书				

账号接口服务　　认证接口和协议服务　　权限接口服务　　审计接口服务

应用系统

图 3-1　IAM 平台功能架构

3.2　身份治理和管理

身份治理和管理是指跨多个系统和应用程序管理数字身份和访问权～具。这些工具有助于确保只有合适的人才能在合适的时间出于合适的～合适的资源（如应用程序和数据）的权限。为了实现这一点，IGA 工～关联分布在整个信息技术环境中的不同身份和权限数据，通过提供～增强对用户访问的控制。

3.2.1 身份数据清洗

身份治理首先要解决用户现有身份数据中存在的问题，典型的（户身份类型不统一。一个人的数字身份在多个系统中存在，但是身（样，因此需要对各类用户进行收集、清洗、聚合，消除重复账号、（（又称无主账号）等，最终形成统一的用户账号和用户管理体系。解决用（信息孤立、分散的现状，实现一个用户在各业务系统中的电子身份、账号（从创建到回收的全生命周期管理，提升信息资产管理效率。

典型的身份数据清洗过程如下。

（1）建立账号信息与员工信息的唯一匹配关系。

（2）及时清除离职账号、孤立账号。

（3）完成对数据的自动化匹配工作，并提供给各系统管理员确认。

（4）系统管理员对异常数据进行确认。

（5）系统管理员对匹配的结果进行确认。

（6）对数据清理完成到数据上线前阶段的用户数据变化进行梳理和确认。

（7）系统管理员提供已确认的全量数据清单。

（8）IAM 平台数据初始化。

（9）数据结果验证。

3.2.2 身份主数据的确立

通常在一个企业中，用户身份有很多不同的数据来源，有的来源于人力资源管理系统，有的来源于办公系统。

为了确认统一身份管理的数据来源，身份管理需要确定用户身份数据的来源，即身份数据的权威数据源。通常以人力资源管理系统作为信息同步中信息的源头。身份主数据对于企业来说，不仅需要包含员工，还需要包含和企业有业务往来的合作伙伴、企业的客户等各类内部和外部人员信息，因此统一身份管理系统的身份数据源除了包括人力资源管理系统（Human Resource Management System，HRMS），还可能包括供应链管理系统（Supply Chain Management，SCM）、客户关系管理系统（Customer Relationship Management，CRM）等。这些系统中的人员信息作为统一身份管理系统身份数据同步的上游系统数据源，提供账号基本信息、职位关联信息、账号变动信息等，将其同步至身份管理平台，再由身份管理平台将统一管理后的信息分发至相关系统。

最终通过统一身份管理系统的数据同步与数据分发，实现当用户的信息发生变动时，其他系统中的信息随之变动，而不需要多方操作。

身份主数据的设计通常需要进行用户、组织的数据设计。以一家集团企业为例，需要进行员工、供应商、经销商、临时人员、岗位、集团组织、子公司组织等的数据设计。

例如，员工身份主数据需要考虑如下的内容：姓名、工号、职级、岗位、邮箱、手机号码、出生日期、所在部门、学历、民族、入职日期、家庭地址、微信号等。

一家企业对于员工的身份主数据有不同的要求，可以添加不同的用户属性，有些属性的来源是公司的 HRMS，有些属性由信息技术部门维护，有些属性是自助维护的。在设计用户身份主数据时，需要依据业务需求来添加用户属性。

3.2.3　身份数据同步

身份数据同步借助同步机制将企业的活动目录系统或办公自动化（Office Automation，OA）系统、SAP 系统无缝对接与同步用户信息、组织信息、岗位信息，这些信息通常由人力资源管理系统统一维护管理。人力资源管理系统中的人员信息变动，如入职、离职、岗位变更等可以即时通过统一身份管理系统同步到各个业务系统中。

应用账号信息同步将各信息系统中原有的用户信息、角色信息通过数据同步机制与 IAM 平台上的信息进行同步，通过集中管理平台管理整个企业用户的身份信息（主账号）及对应信息资源系统的访问权限（从账号）视图。

身份数据同步方式主要有主推（Push）和被推（Pull）两大类，支持标准的 API 提供给其他应用系统定时全量 / 增量同步数据；也支持通过定制开发主动调用其他应用系统的数据同步 API，把同步的数据更加及时地告知其他应用系统；并支持同步的监控和重试功能，在同步过程中出现数据不一致时能补充缺失的数据。身份数据同步机制避免应用系统之间的高度耦合，也避免企业内部应用架构上的单点问题。

如图 3-2 所示，统一身份管理系统身份数据同步流程中的权威数据源即为身份主数据的权威数据源，当员工入职、离职或其他信息变动时人事管理员输入人事信息；系统调用统一身份认证平台的数据同步 API 同步账号信息；统一身份认证平台根据账号供应策略将账号信息集中推送到不同的业务系统中实现账号信息同步；统一身份认证平台通过 API 实现不同业务系统的适配，后续员工使用统一账号访问相关系统，员工离职或岗位变化时，账号即时回收，实现一键清权。

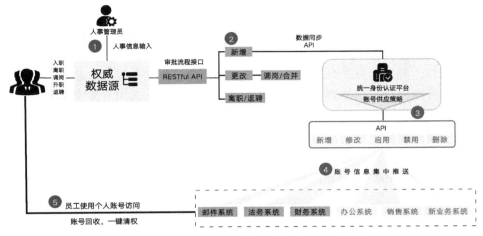

图 3-2   统一身份管理系统身份数据同步流程示例

3.2.4   组织架构管理

企业的组织架构是由纵向的等级关系及其沟通和汇报关系，横向的分工协作关系及其沟通关系而形成的一种无形的、相对稳定的企业构架。大多数企业组织架构有一个共同的特征，即企业管理从结构上层层向上，人员逐渐减少，像金字塔一样，所以称这样的组织架构为"金字塔"式组织架构或层级制组织架构。

身份管理系统需要能够支持现代企业中的各种组织架构，如虚拟组织架构。虚拟组织是指两个以上的独立实体为迅速向市场提供产品和服务，在一定的时间内结成的动态联盟。虚拟组织的主要特征是具有较大的适应性，在内部组织结构、规章制度等方面具有灵活性。身份管理系统可以根据公司的组织架构，及时调整用户属于一个或多个虚拟组织，对于组织架构变化能够及时和人力资源管理系统自动同步或人工配置调整。

企业的合并和收购会产生组织架构变化，身份管理系统的组织架构管理可以实现组织的转移和合并，将两个组织的员工和岗位信息转移或合并到一个组织中；解决用户名重复问题，在新合并的组织中实现用户名的唯一。

组织架构管理需要具备以下功能。

（1）组织新增：选择上级组织，输入组织名称、组织编码，完成组织的添加。

（2）组织查询：根据组织名称、组织编码、组织状态和类型进行查询。

（3）组织修改：修改组织名称、组织编号等信息。

（4）组织岗位管理：与该组织关联的所有岗位可以增加、修改和删除。

（5）组织启用/停用：修改组织及其下属组织的可用状态。

（6）组织删除：组织删除后，删除相关数据，关联岗位解除关联关系。

（7）组织转移：选择一个组织将其转移作为另一个组织的下属组织，组织转移时组织中相应的员工和岗位信息同时转移。

（8）组织合并：选择一个组织将其合并到另一个组织中，两个组织的员工和岗位信息同时合并。

3.2.5　用户组和角色管理

1. 用户组管理

身份管理系统中的用户组代表具有共同职责、特征或利益的用户集合。包含指定用户的组为静态组；通过表达式动态过滤创建的组为动态组。例如，想基于用户的办公地点创建组，可以使用表达式过滤返回一个包含办公地点用户属性满足某个条件的所有用户的列表。

用户分组用来实现针对不同用户的管理策略，这些策略包括用户标识唯一策略、密码策略、初始密码、应用配置中的账号同步策略等。另外也可以对岗位和组织分组，岗位分组和组织分组一般用在应用配置中的账号同步策略。

用户组管理需要具备以下功能。

（1）分组查询：通过关键字搜索分组信息。

（2）分组新增：分为动态分组和静态分组两种方式。动态分组是通过函数、SQL 语句等过滤方式获取有相同属性的用户；静态分组是通过手动选择来添加用户。

（3）分组删除：如果分组没有被其他策略引用，则可以删除。

（4）分组编辑：修改分组类型，修改动态分组表达式，预览表达式的分组结果，校验并测试所选用户是否符合表达式规则。

2. 角色管理

角色与用户组的概念类似。用户组包含用户成员，角色也一样有用户成员。角色的成员是指具有该角色的用户。角色具有各种属性。

一个用户可以拥有一个或多个角色。例如，可以创建一个项目经理角色，项目启动时，管理员可以将某个员工指定为项目经理角色，如果该员工同时兼顾测试工作，则管理员可以将该员工同时指定为测试工程师角色。

与用户组类似，角色也可以通过静态方式或动态方式创建。静态角色在创建时可以不添加用户，这样在给角色添加特定用户时，可以更好地控制。动态角色通过表达式创建，所有满足条件的用户指定为该角色。例如，通过表达式匹配具有某个特定属性的用户，并自动将包含该特定属性的用户指定到角色。

角色管理需要具备以下功能。

（1）角色新增：输入角色名称、编码、备注等信息，完成角色的添加。

（2）角色编辑：修改角色名称、编码、备注等信息。

（3）角色删除：删除后该角色中原来关联的用户同时移除该角色对应的权限，如应用系统菜单资源访问权限等。

（4）角色启用/停用：可对所选角色进行启用/停用操作。停用后的角色所属的用户将没有该角色对应的权限。

（5）角色用户管理：添加、解绑角色的所属用户。添加的用户拥有角色对应的权限；解绑后用户不属于该角色，没有角色对应的权限。

（6）角色授权：赋予一个角色的资源访问权限，资源类型包括应用系统菜单、API、页面和其中的访问元素等，对于不同的资源类型进行不同的基于角色的访问控制。

用户组和角色都支持嵌套，不同用户组之间可以相互引用，角色也一样可以被任何角色引用。使用嵌套用户组和角色可以快速地为多个用户设置相关策略和访问权限。

3.2.6 身份策略管理

1. 供应策略

身份管理系统需要管理用户身份生命周期不同阶段的相关策略。

用户身份生命周期的第一步是创建身份。创建账号和关联身份信息的行为通常称为供应。供应可以通过让用户注册、从当前系统导入或利用外部身份服务来完成。无论使用何种方式，供应阶段的目标都是建立一个具有相关身份数据的账号，涉及创建或分配用户身份的唯一标识符（通常账号的标识符与身份的标识符不同），并将身份配置属性与账号相关联。

供应策略管理具备以下功能。

（1）供应策略查询：通过输入关键字，搜索查询定义的供应策略。

（2）供应策略创建和修改：创建账号、组织和岗位的供应策略。

（3）供应策略生命周期维护：账号生命周期节点包括新增、修改、删除、启用、停用、转岗、离职、返聘；组织生命周期节点包括新增、修改、删除、启用、停用、组织合并；岗位生命周期节点包括新增、修改、删除、启用、停用。每个生命周期节点都通过配置回调函数机制扩展相关定制化功能。

（4）供应策略优先级设置：可以调整供应策略的优先级顺序，越靠前的供应策略优先级越高，进行相应操作时会触发最高优先级的供应策略。

（5）供应策略停用/启用/删除。

2. 唯一策略

唯一策略是用于分组配置人员属性唯一性的检查策略。用户身份生命周期创建和修改过程中，如果该用户属性不符合其对应的唯一策略，对应操作就会报错，确保用户属性符合策略设置。

唯一策略管理具备以下功能。

（1）唯一策略查询：通过输入关键词，搜索查询定义的唯一策略。

（2）唯一策略创建和修改：首先选择一个静态分组或动态分组，然后指定用户属性的一个或多个字段组合作为唯一性校验。

（3）唯一策略停用/启用/删除。

3. 密码策略

密码策略是用户设置密码需要符合的规则。密码是用户设置的秘密字符串以对特定的受保护资源进行身份验证。密码虽然被广泛使用，但它有几个缺点：尝试所有可能密码的暴力破解也许会猜出短密码；长密码对用户来说很难记住。用户名和密码被盗并被他人恶意使用是造成很多安全事件的主要原因之一，用户本人只有在发生问题后才会意识到密码已被盗。单点登录的引入使得静态密码的使用更成问题，因为被盗密码的账号可能会授予对许多系统的访问权限。除了用户名和密码方式认证，其他强认证方式可以避免出现类似问题，后续章节将详细讨论。

设置密码策略可以在一定程度上避免安全风险，可以设置密码的最小长度、有效期、需要包含数字和字符、密码历史和密码检查锁定等各种密码策略，如图 3-3 所示。

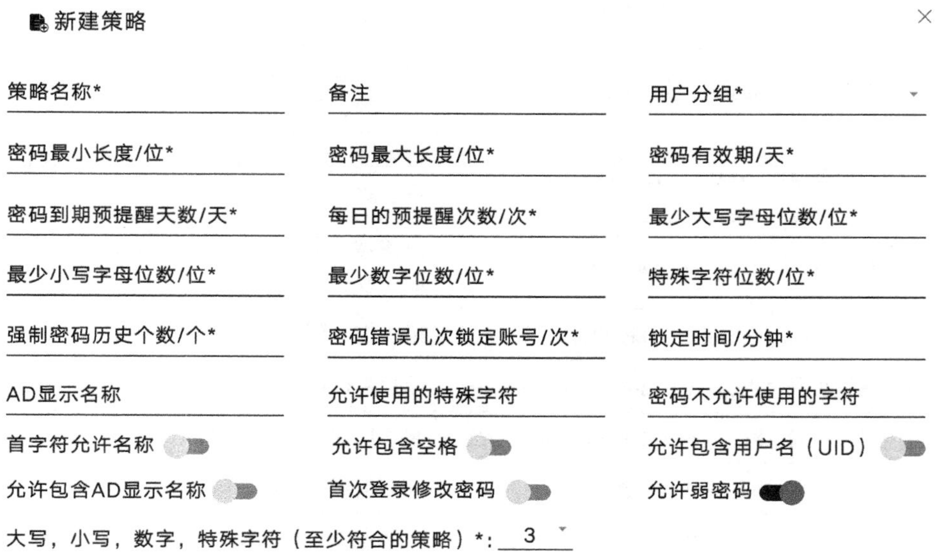

新建策略

策略名称*　　备注　　用户分组*

密码最小长度/位*　　密码最大长度/位*　　密码有效期/天*

密码到期预提醒天数/天*　　每日的预提醒次数/次*　　最少大写字母位数/位*

最少小写字母位数/位*　　最少数字位数/位*　　特殊字符位数/位*

强制密码历史个数/个*　　密码错误几次锁定账号/次*　　锁定时间/分钟*

AD显示名称　　允许使用的特殊字符　　密码不允许使用的字符

首字符允许名称　　允许包含空格　　允许包含用户名（UID）

允许包含AD显示名称　　首次登录修改密码　　允许弱密码

大写，小写，数字，特殊字符（至少符合的策略）*：__3__

图 3-3　密码策略

4. 访问策略

一旦用户通过身份认证并与账号相关联，就必须强制执行访问策略以确保用户采取的任何操作都必须通过权限授权允许。换句话说，授权指定用户允许做什么，并且访问策略执行检查用户请求的操作是否为权限允许。例如，当用户登录某个应用程序并访问其中某个功能请求时，该应用程序需要执行访问策略检查该用户是否有权限。如果无权访问这些服务，应用程序会显示提示信息，表明用户不能查看该服务，并给出有关如何申请使用该服务的信息。

3.2.7 应用集成方式

在建立身份管理平台时，通常 IGA 平台会管理所有企业应用的数字身份，通过应用和 IGA 平台对接，从而完成身份管理策略的实施，如开通账号、同步密码等。

IGA 平台提供给应用系统调用的 API 通常采用 Web Service 或 RESTful API 标准，如表 3-1 所示。

表 3-1 IGA 平台提供的 API 示例

API 名称	功能描述
用户服务 API：users-controller	用户信息增、删、改、查、推送；属性增、删、改、查
账号管理 API：res-account-controller	账号增、删、改、查，账号信息推送；属性增、删、改、查
组织管理 API：organization-controller	组织信息增、删、改、查、推送；属性增、删、改、查
资源组管理 API：res-group-controller	资源组增、删、改、查、推送；属性增、删、改、查
资源服务 API：resource-controller	资源增、删、改、查、推送；属性增、删、改、查
组织域 API：organization-controller	组织查、删、推送
用户属性更新 API：schemas-extend-controller	用户属性增、删、改
组织属性更新 API：organization-extend-controller	组织属性更新与删除
动态组织 API：dyn-realms-controller	动态组织增、删、改
角色 API：roles-controller	角色定义、查、删、推送

续表

API 名称	功能描述
角色列表获取 API：sys-role-list-controller	读取角色列表信息
属性定义 API：schemas-controller	属性增、删、改
属性组 API：any-type-classes-controller	属性组增、删、改
属性类型 API：any-types-controller	属性类型增、删、改
表单 API：forms-controller	表单定义、增、删、改
组列表 API：sys-group-list-controller	获取组列表信息
资源列表 API：sys-resource-list-controller	获取资源列表信息
策略 API：policies-controller	策略定义、增、删、改、查
流程策略服务 API：work-flow-policy-controller	流程策略定义、增、删、改
流程审批服务 API：user-work-flow-controller	流程审批与外部流程对接的接口服务
流程定义 API：activiti-controller	流程增、删、改
批量操作 API：ext-batch-controller	针对用户、组织、账号的批处理操作接口服务
邮件模板 API：mail-template-controller	邮件模板增、删、改
通知服务 API：notifications-controller	通知服务定义、增、删、改
邮件配置 API：sys-email-controller	获取邮件网关配置信息
短信服务 API：sms-controller	短信网关配置
任务服务 API：task-controller	系统定时任务列表增、删、改
模板服务 API：template-profile-controller	获取模板信息
自助服务 API：user-self-controller	用户自助服务页面定制
自助服务列表布局 API：selfcare-controller	用户自助服务应用列表展示
安全问题 API：security-question-controller	用户设置密码安全问题增、删、改
系统统计服务 API：sys-numbers-controller	审计日志信息统计和查询
菜单服务 API：menu-controller	系统菜单增、删、改

　　IGA 与应用系统的集成方式分为主推和被推两大类。主推是指 IGA 平台主动推送身份数据到应用系统，通过各种接口来完成身份数据的同步，这些接口包括应用系统提供的实现用户、用户组等信息的增、删、改、查的身份管理接

口。IGA 平台提供的各类 Connector 连接应用系统，如 SAP Connector，以及 JDBC、LDAP、FTP 等标准接口。被推是指业务系统通过 IGA 平台提供的 API，完成身份数据同步。

3.2.8　账号管理

在 IGA 平台完成应用系统的集成后，IGA 就可以对应用系统进行账号管理。账号管理功能包括：手动批量开通、单个或多个应用按组织开通、按人员开通、按上传的人员 ID 批量开通；账号分类（公共账号、内部账号、临时账号）；不同应用可配置不同的账号开通字段映射策略（主账号映射到从账号）；公共账号分配给多人、公共账号责任人配置；账号批量删除、物理删除、启用、停用；页面配置默认显示列，可搜索字段，显示列可以动态调整、快速过滤；应用账号生成映射配置，配置表达式对字段做简单处理，二次开发对字段做复杂处理。

3.2.9　账号回收

账号回收是指 IGA 平台可以查询应用系统中的账号，并将这些账号的副本保留在 IGA 平台用于后续的管理，主要包括以下功能。

（1）应用账号定时回收策略配置。

（2）应用账号跟主账号的映射配置策略配置。

（3）人员异动（离职）账号回收处理。

（4）检查是否有账号不通过 IGA 平台授权开通。

（5）检查现有账号的权限是否合理。

3.2.10　身份分析和报告

IGA 平台支持智能认证、上下文访问请求和批准、增强的策略违规检测等用例，基于角色信息数据挖掘的用户身份分析能力等。

身份分析和报告主要包括以下功能。

（1）基于身份信息洞察评估风险。

（2）清除权限过多、异常或错误的授权。

（3）加强身份治理的持续过程，包括风险报告。

3.2.11　报表审计和合规

IGA 平台通常提供各种报表审计，根据业务规则和权限控制评估身份和授权的当前状态，发现和提醒权限管理存在的异常，提供相关权限问题场景还原和修复能力。

报表审计和合规主要包括以下功能。

（1）内部管理类审计。

（2）访问类审计（登录、退出、应用登录）。

（3）接口调用类审计（同步接口、重置密码等接口）。

（4）信息修改类审计（密码修改、个人信息修改）。

3.3　统一身份认证中心

用户身份认证是指通过一定的手段，完成对用户身份的确认，以使其能够访问数字资产。身份认证的目的是确认当前所声称为某种身份的用户，确实是其所声称的用户。用户身份认证机制提供 IAM 的信任基础，消除可能的用户数字身份风险，如账号接管（Account Take Over，ATO）或其他各种形式的身份欺诈。

构建统一身份认证中心通常需要具备以下功能。

（1）支持异构系统的单点登录集成，做到平台无关、语言无关。

（2）支持 B/S 结构应用的单点登录集成。

（3）与应用集成，不改变应用原有的架构，不在应用服务器上安装插件。

（4）应用接入支持，满足现有应用集成的同时，为新应用的接入提供快速的接入集成方式。

（5）支持端到端安全认证。用户在访问应用系统时，从单点登录服务器的认证，到应用服务端的整个链路都有认证和加密措施保障安全。

（6）支持与强认证方式的集成，如 OAuth 认证。

（7）对于同一个用户在不同系统中使用不同账号的情况，也可以实现单点登录的功能。

（8）支持账号密码复杂性规则的校验。

集中的认证、单点登录由统一身份认证中心的单点登录系统实现。应用系统的认证都由单点登录完成，并实现和应用系统的单点登录集成。单点登录方式包括：OAuth 单点登录、Form-based 单点登录、SAML 单点登录、CAS 单点登录等。统一身份认证中心的逻辑架构如图 3-4 所示。

认证中心提供标准的 CAS、OAuth 2.0、SAML 2.0 及 Form-based 认证服务。根据应用系统类型和对标准的支持程度，采用不同的认证服务。

（1）自开发应用、移动应用通过 OAuth 2.0 协议完成单点登录集成。

（2）原生支持 SAML 认证的应用，通过 SAML 2.0 协议完成单点登录集成。

（3）提供 Form-based 密码代填的模拟登录，对于遗留难以改造的系统可用代填方式实现，应用系统不需要进行任何改造。

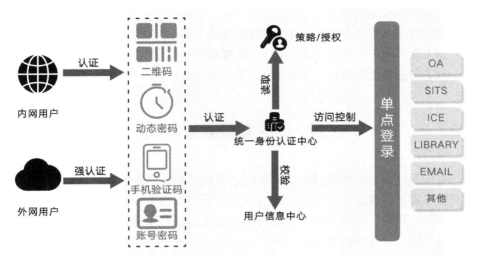

图 3-4 统一身份认证中心的逻辑架构

3.3.1 身份认证源设计

统一身份认证中心架构中的身份认证源是指用于存放身份数据的数据源，其管理平台数据架构分为数据采集、数据处理、数据存储和数据供应等主要部分。其中，数据采集采用 SDK 或 API 方式与企业权威数据源进行数据的拉取或推送；数据处理针对用户数据与认证数据进行新增和更新操作，其中认证库采取读写分离的方式实现认证性能的高可用；数据存储支持数据库和轻量级目录访问协议等多种方式；数据供应采用 SDK 或 API 方式为下游应用系统提供数据服务，同时考虑采取缓冲机制提升数据服务。

统一身份认证中心的实施过程中需要确定身份认证源的相关规范，提供统一身份管理平台与身份相关的数据模型、数据组织方式的定义，并指导用户如何提取和使用这些数据。

以轻量级目录访问协议为例，其中的信息包括以下内容。

（1）组织机构信息，与组织机构对应。

（2）用户信息，包括用户主账号、姓名、所属部门、职位、联系方式，以及其他描述性的信息。

（3）角色信息，包括角色定义和角色分配（用户所扮演的角色）信息。

（4）从账号信息，将从账号信息存储或同步到企业安全目录中，理由主要有两个：一个是提高从账号查询效率、简化查询接口（如果查询从账号信息要到两套甚至几套数据库中查，无疑对访问效率、编程实现带来麻烦）；另一个是便于集中管理，在一个系统上即可对账号进行维护（系统自动保持同步），而不需要在不同的系统间来回切换。

（5）资源信息，所有可以使用 LDAP 目录进行集中管理的系统、应用、设备等。

（6）权限信息，对系统、应用、设备等资源的访问权限的描述（访问控制列表）。

每类信息都需要设计相关的数据库对象集合。用户信息设计示例如表 3-2 所示。

表 3-2　用户信息设计示例

属性名称	属性描述	所属对象类
uid	用户 ID	inetOrgPerson
cn	用户姓名	inetOrgPerson
sn	拼音	inetOrgPerson
employeeType	员工类型	inetOrgPerson
userPassword	密码	inetOrgPerson
mail	电子邮件	inetOrgPerson
mobile	手机号码	inetOrgPerson
telephoneNumber	电话号码	inetOrgPerson
orgCountry	国籍	orgEmployeePerson
orgPID	身份证号码	orgEmployeePerson
orgSex	用户性别	orgEmployeePerson
orgCode	员工编号	orgEmployeePerson
orgStatus	在职状态	orgEmployeePerson
orgDeptID	部门 ID	orgEmployeePerson
orgUnitID	组织 ID	orgEmployeePerson
orgJobID	岗位 ID	orgEmployeePerson
orgCompanyID	公司 ID	orgEmployeePerson
orgDeptName	部门名称	orgEmployeePerson
orgJobName	岗位名称	orgEmployeePerson
orgUnitName	组织名称	orgEmployeePerson
orgCompanyName	公司名称	orgEmployeePerson
orgReportTo	直属经理的员工号	orgEmployeePerson
orgRandomPwd	随机密码	orgEmployeePerson
suAuthList	授权信息	orgEmployeePerson
orgNationality	民族	orgEmployeePerson

属性名称	属性描述	所属对象类
orgBirthDate	出生日期	orgEmployeePerson
orgPolity	政治面貌	orgEmployeePerson
orgNativePlace	籍贯	orgEmployeePerson
orgResidentPlace	户口所在地	orgEmployeePerson
orgHomePhone	家庭电话	orgEmployeePerson
orgHomeAddress	家庭地址	orgEmployeePerson
orgEmployForm	用工形式	orgEmployeePerson
orgDutyName	职位名称	orgEmployeePerson
orgOnDutyDate	入职日期	orgEmployeePerson
orgOutDutyDate	离职日期	orgEmployeePerson
orgIsRegular	是否转正	orgEmployeePerson
orgRegularDate	转正日期	orgEmployeePerson
orgADAccount	原活动目录账号	orgEmployeePerson
ssoId	单点登录账号	orgEmployeePerson
orgADbaseDn	活动目录账号存放的专有名称	orgEmployeePerson
orgJobLevel	岗级	orgEmployeePerson
pwdLastSet	上次修改的时间	orgEmployeePerson
orgExtAttr	员工扩展属性，当现有定义的属性满足不了需求时，扩展的属性存放在该多值属性中	orgEmployeePerson
app0001ExtAttr	应用系统中账号为 0001 的扩展属性（该属性仅为举例说明）	orgAppAccountExt
suCreateTime	记录创建时间	StampUnits
suUpdateTime	记录最后更新时间	StampUnits
suMender	记录修改者	StampUnits
suCreator	记录创建者	StampUnits

3.3.2 身份认证类别

用户名和密码是日常接触较多的身份认证方式之一，这种方式属于身份认证中的所知类方式，另外还包括所有类方式和生物特征类方式。Gartner 对各种身份认证方式进行了分类，如图 3-5 所示。

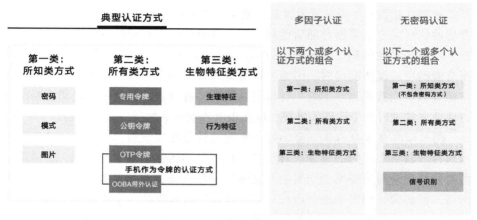

图 3-5 身份认证方式分类

1. 所知类方式

所知类方式是利用用户所知道的或所掌握的知识进行认证，如静态密码。

2. 所有类方式

所有类方式是使用用户所拥有的某个秘密信息或信物进行认证，如动态密码、智能密码钥匙、eID 等。在所有类方式中，可以进一步根据所有类的特征进行细分。

（1）所有类因素可转换为所知类因素。所有类因素（如动态密码）根据具体技术实现方式（如时间同步方式或挑战／应答方式）能转化为所知类的因素，使得该类因素面临所知类技术同样的风险。

（2）所有类因素不可转换为所知类因素。该分类相对于上述的可转换因素（如智能密码钥匙、eID），用一个能代表用户的信物来进行身份认证。

（3）所有类的多个组合绑定。所有类方式加其他资源，如使用数字证书进行身份认证时，绑定网卡或机器码等用户的机器唯一标识资源，这样能进一步加强身份认证的可靠性。

3. 生物特征类方式

生物特征是指用户所具有的生理特征或行为特征。与生俱来、先天性的特征，如指纹、掌纹、静脉、虹膜等属于生理特征；后天形成的习惯性特征，如步态、笔迹等属于行为特征。

3.3.3 身份认证的升级

当用户进行身份认证时，会创建一个具有一定级别的经过认证的会话，以保证用户是账号的合法所有者。例如，如果用户使用静态密码登录，则密码有可能被盗并且该账号正被冒名顶替者使用，因此用户的会话可能被视为"一级"身份确认级别。如果用户随后使用更强的身份认证方式进行身份验证，如在手机上生成一次性密码（One-Time Password，OTP），那么登录用户是合法账号所有者的可信度要高得多，因为手机被他人冒用的难度较大。OTP 验证后，用户的会话可能被视为"二级"身份确认级别。身份认证的升级是使用更强的身份认证方式进行身份认证的过程，以便提升当前会话的身份确认级别。

授权策略要求身份认证会话处于特定的身份确认级别，以便用户访问资源或执行涉及更多风险的事务。对于应用程序中不同安全要求的功能，需使用升级身份认证来对更敏感的交易进行更强的身份认证。例如，用户可以匿名浏览网站，但必须使用密码进行身份认证升级会话级别来访问历史交易记录。在企业中，经理使用密码访问财务系统报表功能，但必须通过使用 OTP 进行身份认证升级会话级别，以便批准大额付款。身份认证升级模型、验证机制强度与所涉及的受保护资源的安全风险相关联。

3.3.4 身份认证的发展趋势

身份认证技术和产品经过多年的发展演进，不断有新的因素驱动其推出新的技术，形成新的市场需求。当前身份认证技术和市场的驱动力包括云服务、移动端、用户体验和数字化 4 个方面，如图 3-6 所示。

图 3-6 身份认证技术和市场的驱动力

1. 云服务

云服务的采用增加了企业的攻击面及其遭受网络钓鱼和其他攻击的风险，从而推动了对多因子认证和其他控制措施的投入。IAM 产品为云原生企业提供身份认证替代方案，解决远程访问和其他应用场景。更多用户需要多因子认证功能来降低总体拥有成本并获得出色的用户体验。云服务还改变了用户身份认证的交付方式，将会集中使用 SaaS 交付方式。

2. 移动端

以智能手机为主的移动端设备在身份认证中逐渐占据主导地位，因为它有比传统的 OTP 硬件令牌更低的总体拥有成本和更好的用户体验。基于智能手机应用程序的 OTP 和移动推送模式提供了很好的用户体验。智能手机应用程序还可以提供数据日志来源，支持持续自适应风险和信任评估（Continuous Adaptive Risk and Trust Assessment，CARTA），以及能够提供无密码多因子认证、集成本地个人识别号码（Personal Identification Number，PIN）和生物特征识别等身份认证方式。支持线上快速身份验证（Fast Identity Online 2，FIDO2）服务的智能手机逐步成为主流，促进向 FIDO2 作为首选方法的过渡并实现无密码多因子认证。

3. 用户体验

IAM 的各种应用场景越来越多地以提升用户体验考虑为指导。身份认证用户体验（User eXperience，UX）是员工体验（Employee eXperience，EX）和客户体验（Customer eXperience，CX）的重要组成部分。因此，用户体验是新解决方案重要的选择标准，推动了智能手机认证及无密码身份验证。从用户体验方面考虑的自适应访问能够在低风险情况下跳过额外的身份认证步骤。

4. 数字化

数字化是体验经济的关键驱动力，包括数字化的工作场所、迁移到云端的应用、集成 SaaS 和本地应用程序、扩展客户服务渠道等。远程工作和远程访问的快速扩展扩大了企业核心资产的攻击面，使得为员工实施有效的多因子认证变得更加重要。自适应访问可以最大限度地减少对多因子认证的需求。"安全、以客户为中心"的要求使得强身份验证（Strong Customer Authentication，SCA）在所有垂直领域越来越重要。持续自适应访问提供了一种弹性方法，可以降低欺诈和安全风险，同时最大限度地减少对客户体验的负面影响。

3.3.5　单点登录协议的选择

单点登录（Single Sign On，SSO）是用户通过单次身份验证实现访问多个应用程序而无须多次登录的机制。SSO 可以帮助实现各种场景的登录验证。例如，在面向消费者的环境中，允许用户通过互联网社交账号（如微信、支付宝），实

现多个应用程序之间的 SSO；在企业环境中，员工在内部利用企业的身份提供者
（Identity Provider，IDP）进行身份认证，实现企业内部和云端应用程序的 SSO；
在学校环境中，学生、教师和管理员利用学校的 IDP 实现各种应用程序的 SSO。

SSO 机制通过 IDP 启用，相关的协议有 OIDC、SAML 等，应用程序通过
支持这些协议实现 SSO。用户通过浏览器访问应用，一旦通过身份认证，只要
SSO 会话未过期或终止，就可以对应用程序进行 SSO 访问。

SSO 的工作流程如图 3-7 所示。

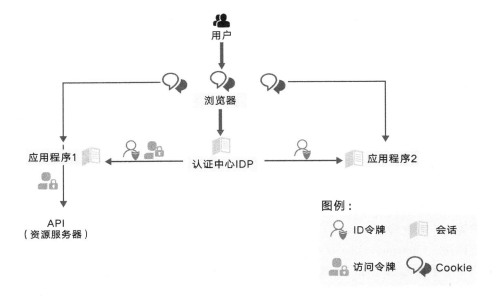

图 3-7　SSO 的工作流程

由图 3-7 可见，用户访问应用程序 1，首先该应用程序将来自浏览器的认
证请求重定向到 IDP，IDP 对用户进行身份认证，为用户建立一个会话，并在
用户的浏览器中创建一个包含会话信息的 cookie（cookie 是由网络服务器建立、
存储在客户端中的记录，用于随后提交给服务器查看以方便通信）。然后将用
户浏览器重定向回应用程序并携带安全令牌，其中包含身份认证事件和经过身
份认证的用户数据。最后应用程序 1 为用户创建或更新本地会话。

如果用户随后使用相同的浏览器访问应用程序 2，则应用程序 2 检测到用户
尚未登录并将用户重定向到 IDP。浏览器在请求中包含 IDP 的 cookie，因此 IDP
使用 cookie 来检测用户是否已经存在通过身份认证的会话。检查用户的会话是否
仍然有效，如果是，则将用户浏览器重定向到应用程序 2 并携带安全令牌，而不
提示用户输入凭证信息。之后应用程序 2 为用户创建或更新本地会话。用户可以
继续访问后续应用程序或返回前面的应用程序，而无须登录，只要 SSO 会话有效。

　　用户会话失效可能是超时，或者是在 IDP 上被管理员终止，或者是用户退出。用户可以退出另一个触发结束 IDP 会话的应用程序。无论什么原因，如果用户被重定向到 IDP 并且会话不再有效，IDP 将提示用户重新进行身份认证。即使 SSO 会话有效，在某些情况下，用户仍然必须与 IDP 进行交互。如果用户访问需要 API 授权的应用，并且 IDP 也是 API 的授权服务器，IDP 会提示用户是否同意 API 访问。如果用户访问的应用程序需要更强级别的身份认证会话，系统将提示用户满足新应用程序的身份认证要求，包括需要重新进行身份认证。触发用户重新身份认证的参数包括活动会话的最大时间长度。在无特殊情况下，SSO 允许用户在一次身份认证后访问多个应用程序，直到身份认证会话过期。

　　总之，SSO 为用户提供便利的身份认证策略的集中管理。应用程序应确保 IDP 的 SSO 会话特征符合应用程序对会话持续时间和所需身份认证强度等因素的要求。

　　常用 SSO 方式和协议对比如表 3-3 所示。协议的相关技术将在第 4 章详细介绍。

表 3-3　常用 SSO 方式和协议对比

比较项目	Form-based	OAuth/OIDC	SAML	LTPA
支持的应用系统	支持各种非使用控件方式表单登录的 Web 应用	支持所有的应用集成	支持所有的应用集成	只支持部分软件产品，如 IBM WebSphere Application Server、金蝶 EAS、蓝凌 OA。只限于使用 Web 服务器本身的认证机制，且各家的 LTPA 认证标准不统一，无法共用
优点	不需要对后台的应用系统进行修改	集成度好，有标准的 SDK 提供应用集成	集成度好，有标准的 SDK 提供应用集成	集成度极高
缺点	需要建立一个用户关系对应表，用于维护登录 SSO 的账号与其他后台应用系统中账号的对应关系，包括登录后台应用系统的用户名和密码	无	无	只适用于部分商业套件产品
建议	对无法修改登录页面的应用系统可以使用这种方式	适用于企业内部，及使用第三方互联网 OAuth 认证集成	适用于多个身份管理站点间互信的应用	对部分支持的软件产品可以使用这种方式

3.3.6 会话管理

用户建立的经过认证的每个会话都可以在不同时间出于各种原因终止。通常会话管理会设置会话持续时间。如果用户在一段时间内不活动，会话就会失效。会话也可能有最大会话时间限制，无论用户当前是否处于活动状态，该限制都会在一段时间后结束会话。

为节约服务端资源，并基于安全性考虑，对于长时间没有活动的客户端其会话将被自动终结。同时，为保证用户的单点登录不受影响，其所有超时都在SSO端集中控制，即SSO的会话超时时间设置略短于集成的应用系统会话超时时间设置。例如，希望实现30分钟用户不活动就终止会话，则将SSO的会话超时时间设置成30分钟，集成应用的会话超时时间设置成40分钟。

如果用户登录后打开多个应用程序，并一直只访问某个应用程序，而其他应用程序长时间没有被访问导致应用程序会话超时，用户再次点击该已超时的应用程序时，用户会被应用程序要求重新登录。为避免这种情况，应用程序检测到用户会话超时后需将用户重定向到登录页面，SSO此时再次实现，登录成功后应用程序可将用户重定向到之前访问的URL（Uniform Resource Locator，统一资源定位符）或该应用程序的首页。

会话可能会由于超时以外的原因而结束。用户可以通过退出结束会话或由管理员终止用户在IDP上的会话，如果服务器重新启动，用户的会话可能会终止。用户的会话信息存储于服务器上，但如果用户删除了浏览器中包含其会话信息的cookie，则无法恢复。

如果用户IDP的会话终止，应触发使用相同IDP的应用程序中的会话立即终止，即实现单点退出机制。应用程序可以通过IDP定期检查用户会话的状态，这样做可以使应用程序在IDP的会话结束时终止自己的会话。单点退出也可以在用户的应用会话超时时完成，应用程序通过检查用户IDP会话更新其应用会话状态。

3.3.7 身份认证接口

身份认证系统通常提供认证接口，在新开发的应用系统使用。新开发的应用系统通过调用IAM系统的认证接口，可以实现与IAM系统的集成。用户在IAM系统上通过一次认证后，就可以被与认证接口集成的应用系统认可，当用户访问应用系统时不需要再进行认证，直接进入应用系统进行访问操作。对于新开发的系统，业务系统无须建立用户数据库，系统管理员上也无须像老系统一样，维护新开发的业务系统的用户名和密码。新开发的系统只在IAM用户数据库中拥有一套用户身份信息（用户名和密码，或数字证书标识）。

IAM 的认证接口包括以下几个。

（1）授权接口：为其他信息系统提供统一的授权服务。

（2）公钥基础设施集成接口：实现与公钥基础设施系统的集成。

（3）应用认证 SDK：提供标准的 OAuth、OpenID Connect、SAML、Form-based、CAS 等认证协议 SDK。

典型的 IAM 提供的认证 API 如表 3-4 所示。

表 3-4　典型的 IAM 提供的认证 API

API 名称	功能描述
SSO 服务 API：rest-sso-controller	定义 SSO 服务协议的接口，包括 OAuth、OIDC、SAML、LTPA、QRCode、会话管理等 SSO 服务相关的 Get 和 Post 服务接口
认证 API：idp-controller	用户身份认证接口，系统中集成的认证方式均可定义为独立的认证服务接口
SSO 登录 API：login-controller	SSO 登录接口
本地登录 API：login-local-controller	用户本地登录认证接口
注销 API：log-out-controller	统一退出、会话注销服务接口，供第三方应用调用
UI 配置 API：config-controller	前端用户界面配置接口
日志 API：logger-controller	用户登录日志查询接口

应用系统可以基于 IAM 平台的审计功能提供用户登录审计、用户访问行为审计、身份管理审计、密码管理行为审计。审计信息可对外提供 API 或视图方式，将日志数据提供给 SOC、ELK、Splunk 等第三方日志平台。

3.4　特权访问管理平台

在企业中不受限制地、广泛地使用各种信息基础设施的访问权限且不受监控，不仅违反了最小权限的基本安全原则，而且企业中所有类型的特权账号，如果没有特权访问管理机制，即使是很短的时间，也会带来重大风险，这将严重限制特权访问操作的相关功能。IAM 技术（如 IGA 和访问管理）可以控制普通用户的访问，但是它们没有提供足够的功能来管理特权账号的共享使用或管理员权限的受控提升。

特权访问管理关注企业特权访问的特殊注意事项、流程和工具，管理必要的操作特权访问，并有助于消除特权管理的安全、运营和业务风险。

用于对资产（如基础设施、设备、应用程序、控制面板等）进行交互式管理访问的特权账号包括：用于访问敏感系统，由账号拥有者使用，且不共享的个人特权账号；root 用户、本地管理员、组织设置的管理员等共享特权账号。

软件和机器使用的特权账号包括：由应用程序、脚本或批处理作业用于访问数据库或其他服务的应用程序账号；由应用程序或服务用于与操作系统和其他服务进行交互的应用程序账号；用于访问虚拟机、容器、硬件设备、物联网 / 运营技术设备、机器人流程自动化的特权账号。

特权访问管理产品可以用于发现、管理和治理多个系统和应用程序上的特权账号（即具有超级用户 / 管理员权限的账号）；提供对特权账号的访问，包括共享和紧急访问的控制；随机化、管理和保管特权账号的凭证（密码、密钥等）；管理和代理应用程序、服务和设备的凭证以避免暴露。另外，特权访问管理为特权访问提供 SSO；控制、过滤和编排特权命令、操作和任务；监控、记录、审计和分析特权访问、会话和操作；通过在正确的时间出于正确的原因向正确的系统和正确的人员授予正确的权限，从而提供即时特权访问。

特权账号采用集中管理模式，特权访问管理平台要解决核心资源的访问安全问题，首先要从管理模式上进行分析。管理是从一个很高的高度，先综合考虑整体的情况，然后制定出相应的解决策略，最后落实到技术实现上。管理解决的是面的问题，技术解决的是点的问题，管理的模式决定了管理的高度。随着应用的发展，设备越来越多，维护人员也越来越多，因此必须由分散的管理模式逐步转变为集中的管理模式。

只有集中才能实现统一管理，也只有集中才能把复杂的问题简单化。如图 3-8 所示，集中特权账号管理模式包括：集中访问入口的统一身份管理、集中资产账号管理、集中账号授权管理、集中访问控制管理、集中安全审计管理等。

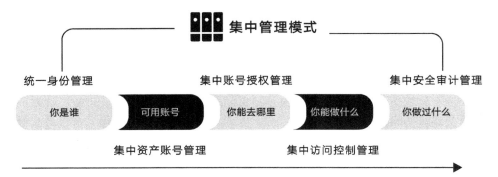

图 3-8　集中特权账号管理模式

随着信息系统复杂性的提高，对内部用户权限的管理要求将大大超过手工管理跨异构系统的能力。管理上的复杂性还会导致出错机会和安全风险的增加。例如，人员的快速流转导致系统中存在大量的孤立账号，并且这些孤立账号具有有效的权限，使企业暴露在内部和外部攻击之下。

在大型的、信息化程度高的企业中，账号管理集中化是解决这些问题的出路，使企业能够从一个或几个集中点，控制用户对所有设备的访问。

通过实施集中账号管理，可以达到以下目的。

（1）管理员在一点上即可对不同系统中的账号进行管理，实现账号与人的关联。

（2）网络设备、操作系统、数据库等系统中已有账号的收集。

（3）新建账号并同步到各系统。

（4）实现集中的密码策略，并按照密码策略的要求，自动、集中、定期修改系统账号的密码。

（5）实现集中删除一个自然人的所有或部分系统账号。

（6）通过流程管理或其他记录手段保留账号创建、分配、变更、删除整个过程的信息，从而知道什么时间、哪些账号给了哪些人，每个人拥有什么样的账号等，以便于审计。

典型的特权访问管理平台系统架构如图 3-9 所示。

系统总体架构采用层次化、模块化的设计，产品整体架构包括资源层、第三方系统、接口管理层、数据存储层、核心服务层和统一展示层等。下面介绍主要部分。

（1）资源层负责提供各种类型资源的资源管理交互。资源类型有网络设备、主机资源、数据库、应用资源等。

（2）接口管理层的主要功能是实现核心层与外部产品、用户资源系统之间的数据交互，包括账号类、认证类、授权类和审计类 4 个方面的接口。其中，账号类接口实现资源从账号的收集和同步管理；认证类接口实现与第三方强身份认证产品的联动和主账号认证；授权类接口实现访问控制策略的下发；审计类接口接收外部系统产生的各类日志。通过接口管理层完成特权账号管理平台与各种应用系统的相关接口通信。

（3）核心服务层负责完成系统各功能模块的业务处理，包括身份管理、行为管理、审计管理及协议代理等服务。每个模块再细分若干子模块完成各自的管理功能。核心服务层具体的功能模块如下。

① 账号管理，包含主账号管理、资产管理、从账号管理和密码管理模块。

② 授权管理，包含操作权限管理、角色管理、授权管理和访问控制管理模块。

③ 认证管理，包含认证方式管理、认证服务管理、单点登录管理和第三方认证管理模块。

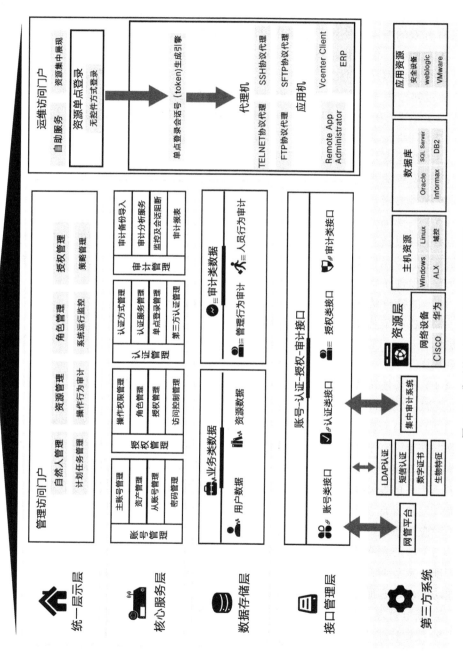

图 3-9 典型的特权访问管理平台系统架构

④ 审计管理，包含审计备份导入、审计分析服务、监控及会话阻断和审计报表模块。

（4）统一展示层负责用户交互部分的展现。一方面对用户身份进行认证，同时显示信息给系统操作人员，包括操作人员的可访问资源展现及自服务展现；另一方面接受管理人员的管理配置和审计查看，将管理人员的输入传递到核心服务层处理。

3.4.1　账号管理

集中账号管理包含对所有服务器、数据库、网络设备、中间件账号的集中管理。账号和资源的集中管理是集中授权、认证和审计的基础。集中账号管理可以完成对账号整个生命周期的监控和管理，并且降低设备管理员管理大量用户账号的难度和工作量。同时，通过统一的管理还能够发现账号中存在的安全隐患，并且制定统一的、标准的用户账号安全策略。

通过建立集中账号管理，可实现账号与实际自然人相关联。通过这种关联，可实现多级的用户管理和细粒度的用户授权，还可以实现针对自然人的实名行为审计，真正满足审计的需要。

信息运维管理系统可以对企业内网原有设备实现账号权限发布、回收等功能，方便管理员集中管理和分配内网资源。

3.4.2　授权管理

特权访问管理需要具备细粒度访问控制的能力，最大限度地保证信息资源的安全。细粒度的命令策略是命令的集合，提供基于黑白灰名单的命令清单配置。该命令策略可分配给运维自然人或后台设备，也可提供基于访问时间、访问地点、资源、系统账号、操作命令、自定义命令表达式、访问协议的强访问控制。通过对访问内容的监控和记录、对危险命令的过滤，实现内部访问的安全运作。

细粒度权限分配主要实现集中化、基于角色的主从账号管理。自然人与其拥有的主账号关联，统一规划用户身份信息和角色，对不同系统中的账号进行创建、分配、同步，最终建立业务支撑系统中自然人的单一视图（主账号管理）、建立业务支撑系统中资源的单一视图（从账号管理）。

访问控制策略是保护系统安全性的重要环节，制定良好的访问控制策略能够有效提高系统的安全性。基于集中资源访问策略、用户访问策略和角色的授权管理，对用户使用业务支撑系统中资源的具体情况进行合理分配，实现不同用户对不同实体资源的访问。最终建立完善的资源对自然人的授权管理。其主要包含两种范围大小的限定：大的范围可通过设定全局控制，主要是对客户端

IP、限制命令、可访问周期、可访问协议进行限定；小的范围可限定申请人使用特权账号的周期，当周期结束，系统将强制退出。

基于细粒度访问控制可以达到事前防、事中控、事后审的立体化防控机制。事前防范基于来源、时间段、访问协议等因素；事中访问控制支持访问会同（受管系统管理员登录系统时必须由其他有权限的用户审核会同登录），避免滥用授权；事后的审计机制包括基于终端命令精准识别实现精准的命令控制及记录，对文件传输操作的审计，以及支持图形操作回放和定位回放的图像和视频审计。

3.4.3　认证管理

特权访问管理平台 PAM 为用户提供统一的认证接口。采用统一的认证接口不但便于对用户的认证管理，而且能够采用更加安全的认证模式，提高认证的安全性和可靠性。

PAM 自身是经过加固的可防御进攻的安全设备，支持 Windows AD 域、RSA 双因子动态密码、一次性密码、密钥、数字证书认证、生物特征认证等多种组合认证方式，并且传输过程加密。而且 PAM 具有灵活的定制接口，可以方便地与第三方认证服务器对接。

PAM 提供了基于 B/S 的单点登录和基于 C/S 的单点登录，同时支持基于 SecureCRT 工具的 SSH 会话。运维人员通过一次登录，就可以访问被授权的多个主机系统或设备。单点登录为在整个信息系统中具有多账号的用户提供了方便快捷的访问途径，使用户无须记忆多个登录账号和密码，而且访问不同系统不用重复登录，提高了运维的效率。同时，集中的单点登录便于全系统采用强认证，从而提高了用户认证环节的安全性。

单点登录可以实现与用户授权管理的无缝链接，可以通过对用户、角色、行为和资源的授权，增加对资源的保护和对用户行为的监控及审计。

3.4.4　审计管理

特权访问管理的审计管理主要审计操作人员的账号使用（登录、资源访问）情况、资源使用情况等。在各服务器主机、网络设备的访问日志中都采用统一的账号、资源进行标识后，操作审计能更好地对账号的完整使用过程进行追踪。

审计管理主要包括平台日志、用户操作、设备访问、统计报表等模块。平台日志模块主要记录用户的登录日志和系统日志信息；用户操作模块主要记录用户授权、密码修改、密码申请、访问申请等用户操作的信息；设备访问模块主要实现收集、监控、记录用户对设备的访问和操作行为，包括成功和失败的访问行为，通过字符审计、视频审计、文件审计、中断异常会话和失败会话等精准的审计信息来实现对目标设备访问行为的安全监管；统计报表模块主要记录平台用户、设备、设备账号、平台的统计信息与使用情况。这些模块支持对各种协议进行审计，包括 SSH1、SSH2、Telnet、FTP、SFTP、RDP 等。

PAM 通过自身的用户认证系统、用户授权系统、访问控制系统等详细记录整个会话过程中用户的全部行为，还可以将审计日志传送给第三方。

审计日志支持丰富的查询操作。例如，以 IP 为检索条件按设备或服务器方式进行查询，以实际运维用户为检索条件按用户名方式进行查询，以运维客户端 IP 为检索条件按登录地址方式进行查询，以登录时间为检索条件进行查询，以运维具体时间为检索条件对命令发生时间进行查询，以特定命令为检索条件对命令名称进行查询等。并且支持上述查询的任意组合查询，如可以查询"谁（用户名）"在"什么时间登录（登录时间）"服务器，并在"什么时间（命令发生时间）"在"服务器（目标服务器）"上执行过"什么操作（命令）"。总而言之，系统具有灵活的日志检索方式，能够以时间、用户名、命令、目标系统等字段检索；能够以与、或、非等逻辑运算符设置复杂的查询条件；具有较高的视频检索和审计效率，针对字符界面的访问会话能够通过字符快速定位和检索相应的视频；相关查询结果能够以特定的格式批量导出，并提供图形审计、字符审计两种展现方式。

3.5 集中权限控制

外部化授权管理（Externalized Access Management，EAM）是一种细粒度的访问决策和实施解决方案。EAM 实施取决于访问决策的数据质量和可用性，需要成熟的数据建模、授权模型，以及身份和访问治理的管理实践。

EAM 提供了将访问授权策略创建、运行时的策略解析和策略实施从应用程序抽象到基础架构中的能力。结合身份和访问控制的用户和用户组信息将授权决策数据通过 EAM 工具加以管理、呈现和执行。

EAM 不同于提供身份认证和粗粒度授权实施的其他访问管理工具。例如，Web 访问管理（Web Access Management，WAM）工具能够从目录或数据库读取属性、根据策略属性访问 URL 资源。EAM 工具不但具有这种能力，还可以根据规则、属性和上下文数据（如访问端点设备的日期/时间和地理位置）的组合，提供更精细的控制。此外，EAM 工具可以控制对更广泛资源对象的访问，如文件、数据库中的数据，以及网页中的按钮或选项卡。

EAM 和 WAM 等工具之间存在功能重叠。例如，WAM 工具包含上下文识别功能和策略引擎。然而，集中管理复杂规则集并在细粒度 Web 和非 Web 资源上呈现细粒度访问决策的能力使 EAM 技术与其他访问管理技术区分开来。

审计策略和运行时访问也是 EAM 工具的关键能力。EAM 工具针对审计事件和日志数据提供查询响应的能力，包括此用户、用户组或角色是否有权访问资源？此用户、用户组或角色的权限是什么？各种类型的查询可以支持审计，也可以用作实时访问决策的输入。

EAM 工具包含以下组件，这些组件在可扩展访问控制标记语言（eXtensible Access Control Markup Language，XACML）规范中定义。

（1）策略管理点（Policy Administration Point，PAP），用于定义访问策略及其组件规则。

（2）策略检索点（Policy Retrieval Point，PRP），用于策略规则的存储库，通常是数据库或目录。

（3）策略决策点（Policy Decision Point，PDP），用于评估规则以做出策略决策。

（4）策略执行点（Policy Enforcement Point，PEP），用于执行策略决定，通常与应用程序或应用程序环境集成在一起，并且可能在逻辑上和物理上与 PDP 分开。应用程序在运行时调用 PEP。

（5）策略信息点（Policy Information Point，PIP），用于检索 PDP 所需的属性。属性通常存储在数据库或目录中，但 PIP 也可能从其他上下文获得信息。

EAM 系统组件架构如图 3-10 所示。

3.5.1 EAM 的实现

在开发和构建应用程序时，应用程序安全是重要的部分之一。如果不考虑应用程序安全，企业会面临潜在的网络攻击，并被限制安全共享资产的能力。

通常，应用程序访问控制策略被硬编码到应用程序中，根据应用程序开发的生命周期计划进行更新，不会在策略更新时及时更改，因此策略更改需要花费大量的时间来编码和测试。

EAM 基于软件代码和授权管理解耦的原则。软件开发人员不再硬编码权限策略，而是简单地实现核心业务功能并重用公共组件模块，如身份验证、日志记录、数据存储和权限管理。换句话说，EAM 将访问控制策略的管理与应用程序开发生命周期分开。

在不影响信息技术架构的情况下，使用 EAM 给企业带来的优点有以下几点：第一，通过将所有的策略统一集中管理，所有的业务代码开发一次，无须为策略变化而修改代码，从而减少代码修改次数；第二，由于不需要根据优先级安排修改计划，所有的策略更新集中完成，从而消除积压的策略和规则调整；第三，可以将开发资源用于构建高附加值的业务功能，而不是投入开发授权的更新调整，从而聚焦于业务拓展；第四，原先审计多个应用程序是否符合授权规范需耗费大量时间，而通过 EAM 这些工作可以自动完成，从而简化审计；第五，如果授权分布在不同的

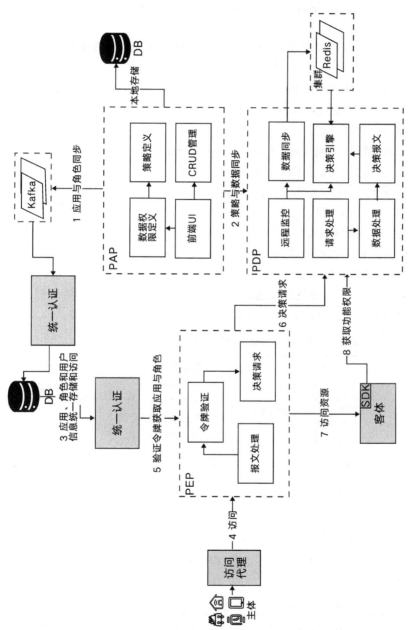

图 3-10　EAM 系统组件架构

业务系统中，容易出现各个相关方基于不同出发点造成的利益冲突，而通过集中的基于策略的权限管理可以很好地避免这类利益冲突问题。

当然 EAM 对于不需要开发应用程序、不存在分享敏感数据的小企业来说不太适合。

除了应用程序的授权管理，EAM 还可以应用在以下场景并实现统一、集中的权限管理。

（1）应用、菜单和功能访问授权。

（2）API 和微服务访问授权。

（3）数据库访问授权。

（4）大数据组件访问授权：Spark、Hive、Impala、HDFS。

（5）公有云访问授权：AWS、Google、Azure。

（6）容器访问授权：Kubernetes、Docker。

（7）DevOps 访问授权。

（8）合规和治理要求。

（9）访问策略生命周期管理。

（10）企业数字化转型。

EAM 和细粒度授权相关的规范和标准对比如表 3-5 所示。具体需要视应用场景、人员技能、相关产品、技术成熟度等各方面因素来确定使用。

表 3-5　EAM 和细粒度授权相关的规范和标准对比

比较项目	规范名称		
	XACML	OPA	NGAC
全称	可扩展访问控制标记语言（eXtensible Access Control Markup Language）	开放式策略代理（Open Policy Agent）	下一代访问控制（Next Generation Access Control）
标准组织	OASIS	无	NIST
推出时间	2003	2016	2003
当前版本	3.0	0.19.1	INCITS 565-2020
商业化产品支持	Axiomatics	Styra	Tetrate
策略编写语言	XML、ALFA	Rego 策略语言	Policy Machine 策略语言
主要应用场景	RBAC/ABAC for API、DataBase、App	Kubernetes、Docker	同 XACML

说明：OASIS 是结构化信息标准促进组织（Organization for the Advancement of Structured Information Standards）的缩写。

NIST 是美国国家标准与技术研究院（National Institute of Standards and Technology）的缩写。

3.5.2　微服务和 API 授权控制

API 网关通常带有用于扩展授权和调用外部授权服务的功能。利用 EAM 及 API 网关的自定义开发可以实现 API 调用返回信息的脱敏、屏蔽和编辑。主要技术要点包括实现 API 动态授权、对 API 应用基于策略的细粒度授权，以及基于策略的授权对 API 调用返回的数据报文进行脱敏、屏蔽和编辑。

API 网关动态授权的应用场景包括：新客户门户、基于属性的访问控制增强 OAuth 以实现细粒度授权、构建微服务和外部化授权。

典型的 API 网关访问控制授权场景描述和示例如表 3-6 所示。

表 3-6　典型的 API 网关访问控制授权场景描述和示例

场景描述	场景示例
支持访问角色相关的访问策略	根据服务请求方的用户信息获取用户角色信息，PDP 根据该角色是否可以访问某个服务的策略返回接受或拒绝请求
支持访问时间、IP 地址相关的属性策略	根据服务请求方的访问时间、IP 等属性，某种类型的请求的访问授权策略只能在指定时间范围、指定的客户端类型和特定的请求端 IP 范围，如果不符合，PDP 返回拒绝请求
支持 API 返回报文脱敏和过滤的访问策略	在第一个场景基础上，根据用户的部门属性返回报文，当该用户不属于某个指定部门时，在接受请求时，对返回报文中的信息做脱敏处理
支持 SLA（如访问频次）的策略	配置对某种服务的单位时间请求次数限制的 SLA 策略，当超出限制时，PDP 返回拒绝请求

如图 3-11 所示，用户 A 需要查看账号信息，通过 API 服务调用发起请求，在调用链路上的 API 网关作为 PEP 接收到请求后访问基于属性的访问控制（Attribute-Based Access Control，ABAC）授权服务（即 PDP），确认用户 A 是否通过查看账号接口访问账号信息，PDP 返回“是”则请求转发到 API 服务端，返回“否”则阻断请求。同样地，API 服务端处理请求时需要查询后台数据库，数据库连接需要通过 SQL 代理（即 PEP），其会根据 SQL 查询的上下文和请求信息访问 PDP，确认 API 服务端是否可以执行相关数据库访问或对访问结果集根据权限策略进行数据脱敏和过滤。

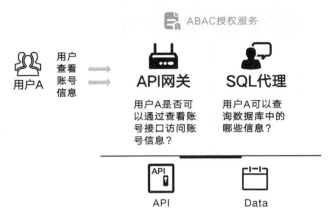

图 3-11 API 网关和 SQL 代理访问控制授权

3.5.3 应用授权控制

从授权策略的实时评估中获取用户权限，并根据这些策略对关键资产实施授权。基于策略的授权高度可见性，结合授权访问控制，确保用户只能访问其有权实时查看或编辑的内容。应用授权控制的解决方案具备上下文感知能力，满足访问控制的多个方面，包括位置、时间等。

利用基于属性的访问控制，通过配置应用程序任意访问端点的授权策略，确保应用程序的所有输入输出的授权访问策略一致。

3.5.4 数据库授权控制

数据库授权控制通过过滤、屏蔽或编辑敏感数据来确保用户访问其授权数据。其实现机制是基于数据库层面的单点访问控制，无须更改应用程序，以非侵入方式实现访问授权。该机制可以最大限度地减少数据传输的风险，跨多个渠道/应用程序实现一致性访问授权；结合 IAM 统一用户身份，可以实现用户访问和源数据提取的策略控制，实现行、列和单元格级别的屏蔽或过滤数据。

基于属性的访问控制通过配置应用程序的数据库访问端点，确保应用数据库访问授权策略的一致性。集中的授权策略通过 SQL 代理实现多个数据库来自多个应用程序的同时查询和访问授权控制。

3.6 API 安全认证和控制平台

API 用于应用程序之间的集成，实现 Web 端和移动端用户的无缝体验，并以公共 API 的形式对合作伙伴提供数字化服务。API 允许开发人员使用熟悉的 Web 技术（HTTP、JSON 和 XML）访问应用程序功能并发送和接收数据。API 带来的开放数据访问和应用程序功能也带来了安全问题。很多 API 安全事件，特别是数据泄露事件，提高了人们对 API 漏洞的认识。

API 安全可以分为两个方面：API 威胁防护和 API 访问控制。API 威胁防护是检测和阻止对 API 的攻击；API 访问控制是控制哪些应用程序和用户可以访问 API。

通常企业需要可以帮助解决 API 安全问题的基础设施和工具。首先要有 API 管理平台，包含 API 网关和可定制的 API 开发人员门户。提供本地访问管理软件和基于云的身份即服务的 API 全生命周期管理，以及 API 保护和 API 访问控制功能。开发人员可以通过 API 管理平台配置或更新 API 信息或 API 状态，并同步至 API 网关。API 信息包括 API 编码、版本号、请求映射、响应映射、路由标识等信息。其次，开发人员通过 API 管理平台添加或更新 API 策略信息或状态，并同步至 API 网关。策略信息包括策略类型、策略配置、策略描述、API 编码、API 版本等。再次，开发人员通过 API 管理平台配置或更新 API 路由信息，并同步至 API 网关。路由信息包括路由名称、请求域名、接口路径及请求方法。最后，开发人员通过 API 管理平台配置、更新 API 服务信息或更新服务状态。服务状态包括启用和禁用，同步至 API 网关。服务信息包括服务方标识、服务名称、服务地址等。

API 请求处理是另一种解决 API 安全问题的方式。API 网关接收到 API 请求，依次对请求进行格式解析、权限校验、防重校验、验签等操作。API 请求处理流程如图 3-12 所示。该流程可以作为标准流程事先配置到 API 对应的路由策略里。

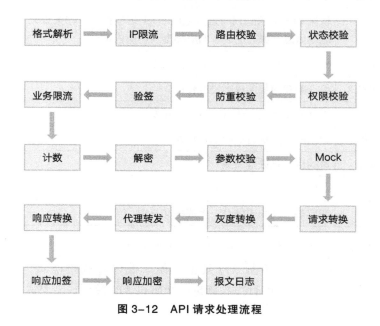

图 3-12　API 请求处理流程

API 请求处理流程中每种操作的具体功能描述如表 3-7 所示。

表 3-7 API 请求处理操作的功能描述

API 处理操作	功能描述
格式解析	网关接收到请求之后，根据配置的格式进行解析。通过格式标志判断解析的方式
IP 限流	全局策略，根据请求的来源 IP 限流和请求 API 组合限流，可防止请求方恶意访问
路由校验	校验请求信息是否与 API 配置的路由信息匹配。校验路由的标识与 API 组合标识是否一致
状态校验	获取请求中的 API_ID、APP_ID 信息，判断 API_ID、APP_ID 的可用状态。查询 App 的用户信息，判断 App 用户的可用状态
权限校验	校验 APP_ID 是否有权限访问 API_ID。如果没有权限，则拒绝访问
防重校验	校验请求是否重复。如果重复，则拒绝访问
验签	调用验签接口验签。如果失败，则拒绝访问
业务限流	校验 App 的访问频率是否大于 App 阈值。如果大于 App 阈值，则拒绝访问
计数	统计每个 App 访问 API 的次数
解密	调用平台解密接口来解密
参数校验	根据 API 的元信息校验参数的合法性
Mock	根据 App 的状态判断是否生成 Mock 模拟报文，相关报文生成时间段、响应信息，如响应码、响应类型及响应内容
请求转换	根据 API 配置的字段映射信息及 URL 信息进行转换
灰度转换	根据配置的灰度规则进行转换
代理转发	根据配置将报文通过指定代理转发
响应转换	根据配置的映射规则进行转换
响应加签	对响应信息进行加签
响应加密	对配置的报文进行加密
报文日志	获取请求及响应信息，生成报文日志

另外，对于 API 网关的安全防护，还需要 Web 应用程序防火墙，用于 OAS（OpenAPI Specification，开放 API 规范）模式的内容威胁检测、消息验证、API 威胁保护，以及专门的行为检测机制来防止 API 滥用；需要保护移动应用

程序免受攻击；需要提供 API 发现、安全测试、安全配置、威胁缓解、网关或代理整体解决方案的专业 API 安全工具。

3.7　身份风险和行为分析

用户和实体行为分析（UEBA）解决方案通过集成分析工具来评估用户和其他实体（如应用程序、网络流量和数据库）的活动。潜在威胁事件通常表现为在某个时间范围内与用户常规行为相异。UEBA 在企业中最常见的应用场景是来自企业内部和外部的威胁检测和响应。

IAM 在很大程度上利用 UEBA 进行授权和自适应访问管理。自适应访问是指持续自适应风险和信任评估方法。持续自适应风险和信任评估实现上下文感知访问控制，使用信任提升和其他动态风险缓解技术的组合，在访问时平衡信任与风险。例如，风险评估分数可用于动态调整用户的访问级别，或要求用户使用多因子认证重新进行身份验证。持续自适应风险和信任评估是选择 IAM 方案的重要考虑因素。

特权访问管理作为 IAM 的一个子域，专注于提供对信息系统的访问控制。由于特权账号的特殊性质，大多数特权访问管理产品都内置 UEBA 功能。特权访问管理解决方案可以收集账号的使用方式、原因、时间和地点。通过 UEBA 分析这些数据，以发现异常行为或意图。另外，内置 UEBA 功能的特权访问管理解决方案可以检测可疑活动和常见的管理员威胁场景，如绕过特权访问管理控制的特权凭证滥用。许多 UEBA 项目从关注管理凭证开始，因为攻击者经常将管理凭证作为目标，以获取对关键系统的凭证访问。

特权访问管理产品中 UEBA 的另一个应用场景是被动生物特征识别技术，其中机器学习可以为单个用户的击键节奏和鼠标移动配置文件建立基线，并尝试识别账号何时被其他人使用。

IGA 供应商使用 UEBA 来启用行为和身份分析用例，如异常检测、登录分析和访问策略分析。

身份分析提供 IGA 更具预测性和规范性的分析，如允许对工作流审批进行动态风险评估。低风险的访问请求批准可以自动化，无须经理或应用程序所有者人工审批。可以根据动态风险评估输出的分数实时验证访问请求，将传统上以合规性为中心的 IGA 平台转变为以风险为导向的动态治理引擎。身份分析可以将风险指标计算为登录活动高峰、异常登录行为、恶意或异常访问、废弃和休眠账号、对敏感非结构化数据的访问或职责分离违规。

第4章 身份和访问控制管理技术

本章针对身份和访问控制管理的常用技术进行深入的阐述，包括轻量级目录访问协议、公钥基础设施、单点登录的各种协议（如 OAuth、OpenID、CAS、OpenID Connect、SAML 等）、多因子认证、跨域身份管理等。

4.1 目录服务

目录服务（Directory Service，DS）是一个存储、组织和提供信息访问服务的软件系统。目录服务遵循轻量级目录访问协议和 X.500 协议。

4.1.1 轻量级目录访问协议

1. 轻量级目录访问协议的定义

人们对计算机网络的使用和管理涉及各种庞杂的资源和信息。为了提高性能，有效管理分布式应用系统的服务、资源、用户及其他对象信息，需要将这些信息清晰、一致地组织起来。基于这样的需求，描述各种用户、应用、文件、打印机和其他可从网络访问的资源的信息被集中到一个特殊的数据库中，这种数据库称为目录。目录存储对象的公开或非公开信息，这些信息以某种顺序组织，描述了每个对象的细节。例如，电话簿、图书馆藏书卡片等就是常见的目录。

轻量级目录访问协议（Lightweight Directory Access Protocol，LDAP）是基于 X.500 标准开发的更简单的子集标准，因此有时 LDAP 也被称为 X.500-lite，即轻量级 X.500 目录访问协议。一般来说，需要大量的系统资源和支持机制来处理复杂的协议，LDAP 仅使用原始 X.500 目录存取协议的功能子集从而减少了系统资源消耗，而且可以根据需要定制。此外，与 X.500 不同，LDAP 支持传输控制协议/互联网协议（Transmission Control Protocol/Internet Protocol，TCP/IP），这对访问互联网是必须的。LDAP 的一个常用功能是提供用户名和密码的集中存储。

2. 轻量级目录访问协议标准

LDAP 目录的条目（Entry）由属性（Attribute）的集合组成，并由一个唯一性的名字引用，即专有名称（Distinguished Name，DN）。例如，DN 能取这样的值 "ou=people，dc=paraview，dc=org"。简单的 LDAP 目录架构如图 4-1 所示。

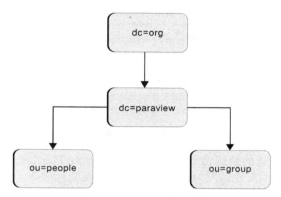

图 4-1　LDAP 目录架构

LDAP 目录与普通数据库的主要不同之处在于数据的组织方式，它是一种有层次的树状结构。所有条目的属性定义是对象类的组成部分，组合在一起构成 schema。数据库内的每个条目都与若干对象类联系，这些对象类决定了一个属性是否为可选和它保存哪些类型的信息。属性名一般是一个易于记忆的字符串。例如，用 cn 为通用名（common name）命名，用 mail 代表邮箱地址。属性取值依赖其类型，并且 LDAPv3 中一般非二进制值都遵循 UTF-8 编码。例如，邮箱地址 jpegPhotos 属性一般包含 JPEG/JFIF 格式的图片。

LDAP 目录条目可描述一个层次结构，这个结构可以反映一个团体或组织的范畴。在原始的 X.500 模型中，国家的条目位于树的顶端，接着是省。典型的 LDAP 配置使用 DNS 名称作为树状结构的顶端，下面是文档、组织单元、打印机和其他任何事务的条目。

LDAP 影响了后续的互联网协议，包括新版本的 X.500、目录服务标记语言（Directory Services Markup Language，DSML）、服务配置标记语言（Service Provisioning Markup Language，SPML）和服务位置协议（Service Location Protocol，SLP）。

3. LDAP 通信协议

客户端发起 LDAP 会话连接到 LDAP 服务器。默认连接端口是 389（LDAP）或 636（LDAPS）。客户端发起操作请求到服务器，服务器返回响应结果。客户端无须等待服务器响应即可发送下一个请求,服务器则会依次返回响应结果。LDAP 客户端与服务器的通信步骤如图 4-2 所示。

图 4-2 LDAP 客户端与服务器的通信步骤

客户端可以发送的协议命令操作请求包括:StartTLS(使用 LDAPv3 TLS 扩展来请求安全连接),Bind(认证并指定 LDAP 协议版本),Search(搜索目录条目),Compare(测试命名条目是否包含指定的属性值),Add a new entry(添加一个条目),Delete an entry(删除一个条目),Modify an entry(修改一个条目),Modify DN(修改专有名称),Extended Operation(用于定义其他操作的通用操作),Unbind(关闭连接,注意这并非指 Bind 的逆向操作)。

4.1.2 业界主流 LDAP 软件

1. 微软活动目录

(1)微软活动目录的定义。

微软活动目录(Active Directory,AD)使用 AD 域服务器角色,可以创建用于用户和资源管理的可伸缩、安全及可管理的基础机构,并可以提供对启用目录认证的应用程序(如 Microsoft Exchange Server)的支持。

AD 提供了一个分布式数据库,该数据库可以存储和管理有关网络资源的信息,以及启用了目录认证的应用程序中特定于应用程序的私有化数据。运行 AD 的服务器称为域控制器。管理员可以使用 AD 将网络元素(如用户、计算机和其他设备)整理到内嵌层次结构。内嵌层次结构包括活动目录森林、森林中的域及每个域中的组织单位。

(2)AD 的局限性。

AD 作为微软的核心产品,虽然已经发布很多年且应用十分广泛,但是对于日益复杂的业务需求存在着很多局限性,如表 4-1 所示。

表 4-1　AD 的局限性

局限性	描述
安全性差	大量使用非加密通道； 密码策略单一，存在大量的简单密码和重复密码； 特权账号密码无强认证； 管理员需要登录域控服务器主机进行管理操作； 不支持国密算法（密码存储、数据通道）
平台受局限	限制在 Windows 系统； Mac 系统无法兼容； 国产化系统无法兼容； 商业化、自开发应用对接困难
管理复杂	平台管理烦琐，无法支持 Web 化管理； 备份恢复操作困难，且容易出错； 批量操作缺乏，运维人员工作量巨大； 与 IIS、ADFS 等联合配置非常复杂烦琐
认证方式单一	只能支持简单的用户名和密码登录； 无法进行多因子认证； 无法支持认证协议，无法进行单点登录
网络架构限制	只能部署企业内网； 外部用户必须拨入 VPN 后才能使用； 离线情况不可控； 跨组织无法互信、同步

（3）AD 与 ADFS。

当应用程序或服务位于一个网络中，而用户账号位于另一个网络中，通常用户尝试访问该应用程序或服务时，系统会提示用户输入凭证。这些凭证代表应用程序或服务所在的领域中用户的身份。

借助活动目录联合身份验证服务（Active Directory Federation Services，ADFS），组织可以通过提供信任关系（联合身份验证信任）来绕过对凭证的请求，这些组织可以使用该信任关系来投影用户的数字身份和对可信合作伙伴的访问权限。在这种联合环境中，每个组织都继续管理自己的身份，但是每个组织也可以安全地投影并接受其他组织的身份。

联合身份验证是一个跨组织和平台边界实现标识、身份验证和授权的过程。联合身份验证需要两个组织或实体之间的信任关系，并允许组织保留对资源访问和自己的用户和用户组账号的控制权。当用户希望跨该边界时（域服务作为组织边界），ADFS 与 AD 域服务相比具有不错的优势，它将包含组织的用户、计算机、用户组和其他对象。ADFS 允许一方面信任管理资源，一方面管理账号。

ADFS 可应用于企业之间、企业与员工之间、多个 Web 应用程序之间等，会产生如下的联合身份验证方案。

① 企业与企业的联合：使企业连接某个合作伙伴并允许在企业的应用程序中使用合作伙伴的账号，或者使用企业的账号。

② 企业与消费者或企业与员工的联合（Web 单点登录方案）：使企业能够为合作伙伴或拥有独立域的其他业务部门提供单点登录。联合身份验证可以在企业内网以外的地方使用内部用户账号的身份验证。

例如，在企业工作时登录到内部网站，并且在计算机上已经登录，此时计算机已获得身份验证凭证，在结束工作后携带计算机回家，需要继续访问相同的服务资源，联合身份验证允许通过外部路径登录到这些资源并使用联合身份验证服务将内部域账号连接到此外部资源来实现这个想法，同时允许使用相同的凭证。

③ 跨多个 Web 应用程序的组织内的联合：如果出于某些原因或者业务要求，组织内具有多个 Web 应用程序，并且 Web 应用身份存储也使用不同 AD 的情况，可以使用组织内的联合身份验证方案。

（4）AD 与 Azure AD。

为了向云中的应用程序和虚拟机提供标识服务，Azure AD 域服务与域加入、安全 LDAP、组策略、DNS 管理，以及 LDAP 绑定和读取支持等操作的传统 AD 域服务环境完全兼容。LDAP 写入适用于在托管域中创建的对象，但不适用于从 Azure AD 同步的资源。

Azure AD 域服务的以下功能简化了部署和管理操作。

① 简化的部署体验。在 Azure 门户中使用单个向导为 Azure AD 租户启用 Azure AD 域服务。

② 与 Azure AD 集成。可从 Azure AD 租户自动获得用户账号、用户组成员身份和凭证。对 Azure AD 租户或本地 AD 域服务环境中的用户或用户组的属性所做的更改会自动同步到 Azure AD 域服务。链接到 Azure AD 的外部目录中的账号不可用于 Azure AD 域服务。凭证不可用于这些外部目录，因此无法同步到托管域。

③ 使用企业凭证 / 密码。Azure AD 域服务中的用户名和密码与 Azure AD 租户中的用户名和密码相同。用户可以使用其企业凭证将计算机加入域，以交互方式或通过远程桌面登录，以及针对托管域进行身份验证。

④ NTLM 和 Kerberos 身份验证。借助对 NTLM 和 Kerberos 身份验证的支持，可以部署依赖于 Windows 集成身份验证的应用程序。

⑤ 高可用性。Azure AD 域服务包括多个域控制器，这些域控制器为托管域提供高可用性。这种高可用性保证了服务运行时间和故障恢复能力。在支持 Azure 可用性的区域中，这些域控制器也跨区域分布，以提升恢复能力。

（5）AD 与 Kerberos。

Kerberos 是一种网络认证协议，其设计目标是通过密钥系统为客户机／服务器应用程序提供强大的认证服务。认证过程的实现不依赖主机操作系统的认证，无须基于主机地址的信任，不要求网络上所有主机的物理安全，并假定网络上传输的数据包可以被任意地读取和修改。在以上情况下，Kerberos 作为一种可信任的第三方认证服务，是通过传统的密码技术（如共享密钥）执行认证服务的。Kerberos 通信协议如图 4-3 所示。

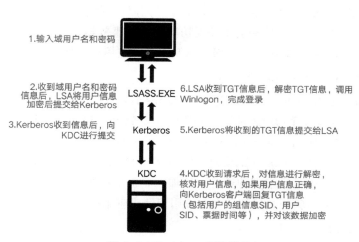

图 4-3　Kerberos 通信协议

Kerberos 的主要通信步骤如下。

① 用户开启操作系统或锁定系统后，再次进入系统输入域用户名和密码。

② 用户发起登录认证，本机校验用户名和密码完成后，链路状态公告（Link State Announcement，LSA）将请求发送给 Kerberos 验证程序包。通过散列算法，根据用户信息生成一个密钥，并将密钥存储在证书缓存区中。

③ Kerberos 验证程序向密钥分配中心（Key Distribution Center，KDC）发送一个包含用户身份信息和验证预处理数据的验证服务请求，其中包含用户证书和散列算法加密时间的标记。

④ KDC 收到数据后，利用自己的密钥对请求中的时间标记进行解密。通过解密的时间标记是否正确来判断用户是否有效。

⑤ 如果用户有效，KDC 将向 Kerberos 发送一个 TGT（Ticket Granting Ticket，票据授予票据）信息，Kerberos 把 TGT 信息发送到 LSA。

⑥ LSA 收到 TGT（AS_REP）信息并用用户的密钥进行解密，其中包含会话密钥、该会话密钥指向的用户名称、该票据的最大生命周期，以及其他一些可能需要的数据和设置等。用户所申请的票据在 KDC 的密钥中被加密，并附着在 AS_REP 中。在 TGT 的授权数据部分包含用户账号的 SID，以及该用户所属的全局组和通用组的 SID。注意，返回到 LSA 的 SID 包含用户的访问令牌。票据的最大生命周期是由域策略决定的。如果票据在活动的会话中超过期限，用户就必须申请新的票据。

⑦ 当用户试图访问资源时，客户系统使用 TGT 从域控制器上的 Kerberos TGS 请求服务票据（TGS_REQ）。TGS 将服务票据（TGS_REP）发送给客户端。该服务票据是使用服务器的密钥进行加密的。同时，SID 被 Kerberos 服务从 TGT 复制到所有的 Kerberos 服务包含的子序列服务票据中。

⑧ 客户端将票据直接提交给需要访问的网络服务器，通过服务票据就能证明用户的标识和针对该服务的权限，以及服务对应用户的标识。

2. IBM Tivoli Directory Server

IBM Tivoli Directory Server 通过 IBM iSeries Navigator 或 WebAdmin 工具的图形用户界面执行 LDAP 目录服务器的大多数设置和管理任务。IBM iSeries Navigator（IBM iSeries Access for Windows 的一部分）必须单独安装，并连接到目录服务器。WebAdmin 工具允许使用 Web 浏览器管理目录服务器。

IBM 目录服务可用于多种任务。例如，Web 服务器或其他支持 LDAP 的应用程序的用户身份验证和授权，多个应用程序或应用程序实例共享的策略等。

3. Oracle Internet Directory

Oracle Internet Directory 是一个专门的数据库，用于存储和检索有关对象的信息集合。该信息可以代表任何需要管理的资源，如员工姓名、职务和安全凭证信息，合作伙伴信息，有关会议室和打印机等共享资源的信息。

目录中的信息可供不同客户端使用，如电子邮件客户端和数据库应用程序。客户端通过 LDAP 与目录服务器进行通信。

4. OpenLDAP

OpenLDAP 是由 OpenLDAP 开源项目组开发的 LDAP 的免费、开源的实现。它是根据 BSD 开源许可协议发布的。OpenLDAP 服务器架构分为处理网络访问和协议的前端，以及严格处理数据存储的后端。该架构是模块化的，许多不同的后端可用于连接其他技术，而不仅是传统数据库。

OpenLDAP 有 4 个主要组件：slapd（独立的 LDAP 守护进程和相关的模块和工具），lloadd（独立的 LDAP 负载平衡代理服务器），实现 LDAP 和 ASN.1 基本编码规则的库，客户端软件（如 ldapsearch、ldapadd、ldapdelete 等）。

OpenLDAP 项目还衍生出多个子项目，包括：JLDAP（Java 的 LDAP 类库），JDBC-LDAP（Java JDBC－LDAP Bridge 驱动程序），LDAPC++（C++ 的 LDAP 类库），LMDB（内存映射数据库）。

5. Apache Directory

Apache Directory 是 Apache 软件基金会的一个开源项目。Apache Directory 是一个完全用 Java 实现的嵌入式的目录服务。它在 2006 年被 Open Group 认证为 LDAPv3。除了 LDAP，该服务还支持其他协议，如 Kerberos。目前该开源项目包括 Apache Directory Studio 子项目，该子项目是一个用于数据、模式、LDIF 和 DSML 的 LDAP 浏览器 / 编辑器，其基于 Eclipse 的框架编写。Apache Directory 的其他功能模块如表 4-2 所示。

表 4-2　Apache Directory 的其他功能模块

功能模块	描述
Apache eSCIMo	用 Java 实现的跨域身份管理协议
Apache Fortress	一个基于标准的授权系统
Apache Kerby	用 Java 实现的 Kerberos
Apache LDAP API	用于目录访问的 SDK
Apache Mavibot	用 Java 编写的数据库应用程序

4.2　令牌认证和单点登录协议

在企业存在多个 Web 应用系统时，用户希望在访问多个系统时不进行重复的登录，为了解决这个问题，出现了单点登录技术。单点登录是一种帮助用户快捷访问网络中多个站点的安全通信技术。单点登录基于一种安全的通信协议，该协议通过多个系统之间的用户身份信息的交换来实现单点登录。使用单点登录时，用户只需要登录一次，就可以访问多个系统，不需要记忆多个密码。单点登录使用户可以快速访问多个系统，从而提高工作效率，同时有助于提高系统的安全性。

本节着重介绍比较流行的单点登录协议，包括 OAuth 2.0、JWT、OIDC、SAML、OpenID、CAS、LTPA、WS-Federation。

4.2.1 OAuth 2.0

1. 协议标准

OAuth 是一个关于授权的开放授权标准，在全世界得到广泛应用，常用的版本是 2.0。

OAuth 允许第三方网站在用户授权的前提下访问用户在服务商那里存储的各种信息。而这种授权无须将用户的用户名和密码提供给第三方网站。OAuth 允许用户提供一个令牌给第三方网站，一个令牌对应一个特定的第三方网站，同时该令牌只能在特定的时间内访问特定的资源。

2. 认证流程

OAuth 2.0 的认证流程如图 4-4 所示。

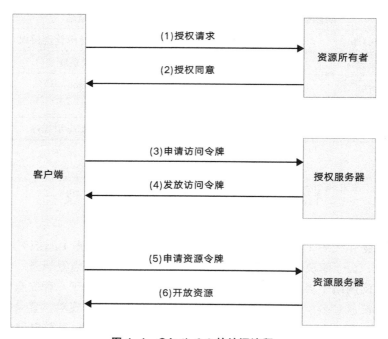

图 4-4 OAuth 2.0 的认证流程

（1）用户打开客户端后，客户端要求用户给予授权。

（2）用户同意给予客户端授权。

（3）客户端使用上一步获得的授权，向授权服务器申请访问令牌。

（4）授权服务器对客户端进行认证以后，确认无误，同意发放访问令牌。

（5）客户端使用访问令牌，向资源服务器申请获取资源。

（6）资源服务器确认访问令牌无误，同意向客户端开放资源。

3. 4 种授权模式

在应用 OAuth 2.0 之前，必须在授权服务器中注册应用。平台要求开发者提供如下授权设置项。

（1）应用唯一 ID（client_id），在服务器中唯一存在的分配给一个应用的 ID，是一串公开透明的字符串，授权服务器使用该字符串来标识应用程序，并且用于构建呈现给用户的授权 URL。

（2）应用密钥（client_secret），用于验证应用身份，并且必须在客户端和服务器之间保持私有性。一般在临时授权码换取令牌时使用。

（3）重定向 URI（redirect_uri）或回调 URL（callback_url）。重定向 URI（Uniform Resource Identifier，统一资源标识符）是授权服务器在用户授权（或拒绝）应用程序之后重定向供用户访问的地址，因此也是用于处理授权码或访问令牌的应用程序的一部分。

OAuth 2.0 有 4 种授权模式，包括授权码模式（Authorization Code）、授权码简化模式（Implicit）、密码模式（Resource Owner Password Credentials）、客户端模式（Client Credentials）。

无论哪种模式，都是为了从授权服务器获取访问令牌，用来访问资源服务器。而申请访问令牌，需要提交相应信息，如 client_id（我是谁）、response_type 或 grant_type（申请哪种模式）、scope（申请哪些权限，由授权服务器定义）、redirect_uri（申请结果跳转至哪儿）、state（自定义信息希望服务器原样返回）等。当然不同的模式，提交的信息内容不同，交互的步骤也不同。下面详细描述 4 种授权模式的交互步骤。

（1）授权码模式。

授权码模式是功能最完整、流程最严密的授权模式，也是最烦琐、最安全的授权模式。它的特点是通过客户端的后台服务器，与服务提供商的授权服务器进行互动。

这种模式一般用于客户端是 Web 服务器应用或第三方的原生 App 调用资源服务的时候。因为在这种模式下访问令牌不会经过浏览器或移动端的 App，而是直接从服务器去交换，这样就最大限度地减小了访问令牌泄露的风险。

① 认证流程。

第一步，客户端向资源服务器请求资源，被重定向到授权服务器。

第二步，浏览器向资源所有者索要授权，之后将用户授权发送给授权服务器。

第三步，授权服务器将授权码转经浏览器发送给客户端。

第四步，客户端拿着授权码向授权服务器索要访问令牌。

第五步，授权服务器将访问令牌和刷新令牌发送给客户端。

认证流程如图 4-5 所示。

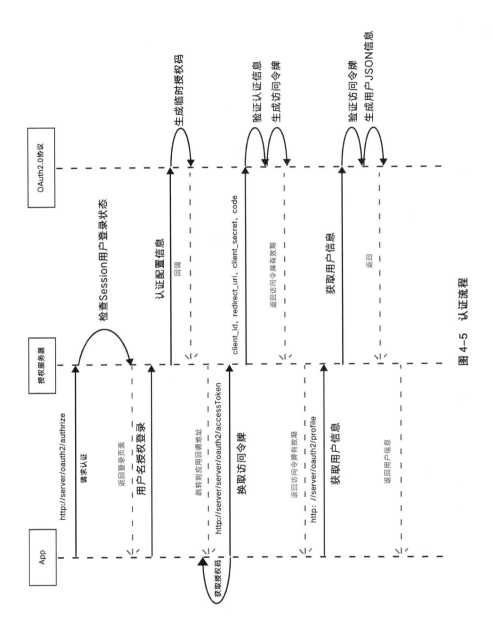

图 4-5 认证流程

② 认证说明。

第三方应用开始进行认证时，浏览器调用如下 URI。

http://www.server.com/oauth2.0/authorize?response_type=code&client_id={client_id}&redirect_uri={redirect_uri}&scope={scope}&state={state}

其参数说明如表 4-3 所示。

表 4-3　参数说明

参数	是否必需	说明
response_type	是	请求的响应中有一个访问令牌、一个授权码，或两者都有。请求访问令牌参数值必须设为"token"，请求授权码参数值必须设为"code"，或者将参数值设为"code_and_token"同时请求两者。授权服务器可能拒绝提供这些响应类型中的一种或多种
client_id	是	客户端标识符
redirect_uri	是	除非通过其他方式在客户端和授权服务器之间确定了一个重定向 URI。这是当终端用户的授权步骤完成时授权服务器将要把 User-Agent 重定向到的一个绝对 URI。授权服务器应该要求客户端预先注册它们的重定向 URI
scope	否	访问请求的作用域，用以空格分隔的字符串列表表示。"scope"参数的值由授权服务器定义。如果这个值包含多个空格分隔的字符串，那么它们的顺序不分先后，而且每个字符串都为请求的作用域增加一个新的访问范围
state	否	被客户端用来在请求和回调之间维护状态的值，对授权服务器来说是不透明的。授权服务器在将 User-Agent 重定向回客户端时传回这个值

③ 认证返回说明。

客户端通过 User-Agent 使用 HTTP 重定向响应，或者其他可用的方式，将终端用户引导到构建好的 URI 上。对于终端用户授权端点，授权服务器必须支持 HTTP 的 GET 方法，也可以支持 POST 方法。

正确响应时，重定向 URI 格式如"redirect_uri?code=CODE&state=STATE"，返回参数说明如下。

code：由授权服务器产生的授权码。授权码应该在分发后迅速过期，以降低泄露风险。客户端一定不能重用同一个授权码。如果一个授权码被多次使用，授权服务器可能撤销之前基于这个授权码分发的所有令牌。授权码与客户端标识符和重定向 URI 相绑定。

state：如果 state 参数在客户端授权请求中存在，则这个参数是必需的，需要精确地设置成从客户端接收到的值。

错误响应时，如果终端用户拒绝了访问请求，或者由于除了缺少或无效重定向 URI 的其他原因而导致请求失败，会返回错误码（error），错误码说明如下。

error_description：可选参数，提供一段额外信息，用来帮助终端用户了解发生的错误。

error_uri：可选参数，指定一个网页 URI，其中包含关于错误的信息，用来帮助终端用户了解发生的错误。

④ 通过授权码获取访问令牌。

http://www.server.com/oauth2.0/accessToken?client_id={client_id}&client_secret={client_secret}&code={code}&grant_type=authorization_code&redirect_uri={redirect_uri}

其参数说明如表 4-4 所示。

表 4-4 参数说明

参数	是否必需	说明
client_id	是	客户端标识符
client_secret	是	包含客户端私有证书
grant_type	是	在请求中所包含的访问许可类型。它的值必须是 "authorization_code"
code	是	从授权服务器接收到的授权码
redirect_uri	是	在最初请求中使用的重定向 URI

⑤ 获取访问令牌返回说明。

客户端通过 User-Agent 使用 HTTP 重定向响应，或者其他可用的方式，将终端用户引导到构建好的 URI 上。对于终端用户授权端点，授权服务器必须支持 HTTP 的 GET 方法，也可以支持 POST 方法。

正确响应时，返回参数说明如下。

access_token：由授权服务器分发的访问令牌。

token_type：分发的访问令牌类型。访问令牌类型告诉客户端一个信息，即当访问一个受保护资源时访问令牌应该如何被使用。

expires_in：访问令牌生命周期的秒数。例如，"3600"表示自响应被授权服务器产生的时刻起，访问令牌将在一小时后过期。

错误响应时，如果终端用户拒绝了访问请求，或者由于除了缺少或无效重定向 URI 的其他原因而导致请求失败，会返回错误码，错误码说明如下。

invalid_request：请求缺少某个必需参数；包含一个不支持的参数或参数值；参数重复；包含多个私有证书；使用了多种验证客户端的机制；请求格式不正确。

invalid_client：提供的客户端标识符是无效的；客户端验证失败；客户端不包含私有证书；提供了多个客户端私有证书；使用了不支持的证书类型。

unauthorized_client：经过验证的客户端没有权限使用提供的访问许可类型。

invalid_grant：提供的访问许可是无效的、过期的或已撤销的（如无效的断言、过期的授权令牌、错误的终端用户密码证书或不匹配的授权码和重定向 URI）。

unsupported_grant_type：包含的访问许可（类型或其他属性）不被授权服务器所支持。

invalid_scope：请求的作用域是无效的、未知的、格式不正确的或超出了之前许可的作用域。

error_description：可选参数，提供一段额外信息，用来帮助终端用户了解发生的错误。

error_uri：可选参数，指定一个网页 URI，其中包含关于错误的信息，用来帮助终端用户了解发生的错误。

⑥ 应用场景。

通过前端渠道，客户获取授权码；通过后端渠道，客户使用授权码交换访问令牌和可选的刷新令牌；假设资源所有者和客户在不同的设备或域名上交换访问令牌，访问令牌不会传递到或经过 User-Agent（浏览器前端）。

（2）授权码简化模式。

在授权码模式中，授权码和访问令牌都由授权服务器生成和验证，但最终只用到访问令牌，这让授权码显得无足轻重。因此，授权码简化模式去掉了授权码的申请流程，直接通过 User-Agent 申请访问令牌。

① 认证流程。

认证流程如图 4-6 所示。

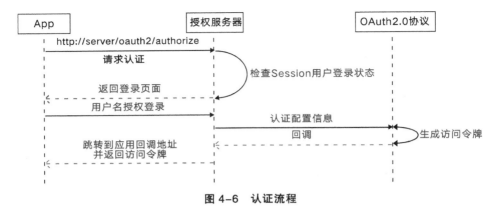

图 4-6 认证流程

② 认证说明。

第三方应用开始进行认证时，浏览器调用如下 URI。

http：//www.server.com/oauth2.0/authorize?response_type=token&client_
id={client_id}&redirect_uri={redirect_uri}&scope={scope}&state={state}

其参数说明见表 4-3。

③ 认证返回说明。

客户端通过 User-Agent 使用 HTTP 重定向响应，或者其他可用的方式，将终端用户引导到构建好的 URI 上。对于终端用户授权端点，授权服务器必须支持 HTTP 的 GET 方法，也可以支持 POST 方法。

正确响应时，重定向 URI 格式如 "redirect_uri?access_token=2YotnFZFEjr1zCsic MWpAA&state=xyz&token_type=example&expires_in=3600"，返回参数说明如下。

access_token：由授权服务器分发的访问令牌。

state：如果 state 参数在客户端授权请求中存在，则这个参数是必需的，需要精确地设置成从客户端接收到的值。

token_type：分发的访问令牌类型。访问令牌类型告诉客户端一个信息，即当访问一个受保护资源时访问令牌应该如何被使用。

expires_in：访问令牌生命周期的秒数。例如，"3600" 表示自响应被授权服务器产生的时刻起，访问令牌将在一小时后过期。

错误响应时，如果终端用户拒绝了访问请求，或者由于除了缺少或无效重定向 URI 的其他原因而导致请求失败，会返回错误码，错误码说明如下。

error_description：可选参数，提供一段额外信息，用来帮助终端用户了解发生的错误。

error_uri：可选参数，指定一个网页 URI，其中包含关于错误的信息，用来帮助终端用户了解发生的错误。

④ 应用场景。

授权码简化模式适用于公开的浏览器单页应用；访问令牌直接从授权服务器返回给前端（只有前端渠道）；资源拥有者和公开客户应用在同一个设备上（最容易受安全攻击，因为访问令牌在前端非常容易泄露）。

（3）密码模式。

密码模式是用户将自己的用户名和密码交给客户端，客户端用用户的用户名和密码直接换取访问令牌。

密码模式十分简单，但是却意味着直接将用户的敏感信息泄露给了客户端，因此这种模式只能用于客户端是自己开发的情况下。

① 认证流程。

第一步，用户将认证用户名和密码发送给客户端。

第二步，客户端用用户的认证用户名和密码向授权服务器请求访问令牌。

第三步，授权服务器将访问令牌和刷新令牌发送给客户端。

认证流程如图 4-7 所示。

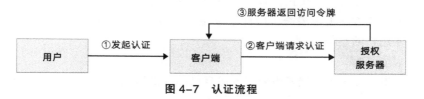

图 4-7　认证流程

② 认证说明。

第三方应用开始进行认证时，通过 POST 方法调用如下 URI。

http：//www.server.com/oauth2.0/authorize?client_id=XXXX&grant_type=password&username=user&password=pwd

其参数说明如表 4-5 所示。

表 4-5　参数说明

参数	是否必需	说明
grant_type	是	值恒为 password
client_id	是	客户端标识符
username	是	用户认证的用户名
password	是	用户认证的密码

③ 认证返回说明。

正确响应时，返回格式如 " { "access_token": "2YotnFZFEjr1zCsicMWpAA"，"token_type": "example"，"expires_in"：3600 }"，返回参数说明如下。

access_token：由授权服务器分发的访问令牌。

token_type：分发的访问令牌类型。访问令牌类型告诉客户端一个信息，即当访问一个受保护资源时访问令牌应该如何被使用。

expires_in：访问令牌生命周期的秒数。例如，"3600"表示自响应被授权服务器产生的时刻起，访问令牌将在一小时后过期。

错误响应时，如果终端用户拒绝了访问请求，或者由于除了缺少或无效重定向 URI 的其他原因而导致请求失败，会返回错误码，错误码说明如下。

error_description：可选参数，提供一段额外信息，用来帮助终端用户了解发生的错误。

error_uri：可选参数，指定一个网页 URI，其中包含关于错误的信息，用来帮助终端用户了解发生的错误。

④ 应用场景。

密码模式适用于使用用户名和密码登录的应用。例如，桌面 App 使用用户名和密码作为授权方式从授权服务器上获取访问令牌。

（4）客户端模式。

这是一种最简单的模式，只要客户端请求就将访问令牌发送给客户端。

这种模式方便但不安全，因此要求用户对客户端完全的信任，在认证过程中不需要用户的参与。

① 认证流程。

第一步，客户端向授权服务器发送自己的身份信息，并请求访问令牌。

第二步，授权服务器确认客户端信息无误后，将访问令牌发送给客户端。

认证流程如图 4-8 所示。

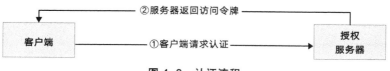

图 4-8　认证流程

② 认证说明。

第三方应用开始进行认证时，通过 POST 调用如下 URI。

http://www.server.com/oauth2.0/authorize?client_id=XXXX&grant_type=client_credentials

参数说明如表 4-6 所示。

表 4-6　参数说明

参数	是否必需	描述
grant_type	是	值恒为 client_credentials
client_id	是	客户端标识符

③ 认证返回说明。与密码模式的认证返回说明一致，这里不再赘述。

④ 应用场景。

客户端模式适用于服务器间通信的场景。只有后端服务间直接通信时才需要对通信进行验证，可以使用客户凭证获取一个访问令牌，因为客户凭证可以使用对称或非对称进行加密，该方式支持共享密码或证书。

4. 安全规范

OAuth 2.0 协议是目前运用最广泛的一个 SSO 协议，在早期曾出现过不少安全方面的漏洞，其实仔细分析后会发现大多是没有严格遵循 OAuth 2.0 的安全指导造成的。OAuth 2.0 在设计之初已经做了很多安全方面的考虑，并且在RFC6749 中加入了一些安全方面的规范指导。为了进一步增强 OAuth 2.0 的安全性，还可以采取以下措施。

（1）防止回调域名欺骗。

服务器必须验证 client_id 注册的应用与 redirect_uri 是对应的，否则redirect_uri 会被伪造成第三方欺诈域名，导致服务器返回授权码而泄露。

服务器生成的临时授权码必须是一次有效，客户端使用一次后立即失效并且有效期很短，一般为 30 秒，由于授权码是通过 redirect_uri 浏览器回调传输容易被截取，因此要保证临时授权码被客户端正常使用后不会被再次使用。

（2）防止跨站脚本跨域攻击。

例如，构造一个认证请求 "redirect_uri =http：//app.com/test?callback=<script src=" http：//app2.com?getToken.php"></script>"，服务器需要对 redirect_uri 进行检查，禁止输入特殊字符，并且对 redirect_uri 进行全匹配以杜绝跨站脚本攻击。

（3）防止跨站请求伪造。

认证请求 URI 中的 state 参数是最容易被忽略的，大部分身份提供者不会强制要求客户端使用 state 参数。

客户端每次请求会生成唯一字符串放在 state 参数中，服务器认证成功返回的授权码会带上 state 参数，客户端验证 state 是否是自己生成的唯一字符串，可以确定这次请求是由客户端发出的，而不是黑客伪造的。

（4）防止敏感信息泄露。

客户端密钥、访问令牌、刷新令牌、授权码等敏感信息的安全存储。由于访问令牌是通过 HTTP 协议从服务器传输给客户端，为了防止旁路监听泄露访问令牌，服务器必须提供 HTTPS 来保证传输通道的安全性。

客户端要获取访问令牌，应该在后台与服务器交互获取，不允许访问令牌传给前端直接使用，需要保证访问令牌信息的不可猜测性，以防止被猜测得到。

（5）令牌有效性防护。

维持刷新令牌和第三方应用的绑定，刷新失效机制的设计不允许长期有效的令牌存在；维持授权码和第三方应用的绑定；对颁发出去的令牌权限进行限制，不同用户申请的令牌根据人员所属组织、角色、岗位进行数据隔离；对颁发后的令牌进行生命周期管理，可以按策略主动注销颁发的令牌。

（6）登录过程安全性增强。

具有丰富的登录认证方式，支持静态密码、手机验证码、动态密码、生物特征识别、FIDO 等。

（7）风险识别。

对使用 OAuth 进行认证的过程进行人工智能行为分析，对登录过程进行风险识别。

5. 增强安全规范

PKCE 的全称为 Proof Key for Code Exchange，是通过一种密码学手段确保即使恶意第三方截获授权码或者其他密钥，也无法从授权服务器获得访问令牌。

PKCE 在授权码模式的基础上增加了 3 个参数，使其更加安全。参数说明如下。

code_verifier：随机生成的字符串 A～Z、a～z、0～9、-、.、_、~，长度为 43～128bit。

code_challenge_method：转换方法，有 plain 和 s256 两种方式。

code_challenge：由 code_verifier 用 code_challenge_method 转换得出。

认证过程与授权码模式基本一致，不同之处在于第一步中会有 code_challenge 和 code_challenge_method 两个必需参数；第三步不再需要 client_id 和 client_secret 参数，而 code_verifier 成为必需参数；第四步核对 code_verifier 与 code_challenge 是否一致。认证流程如图 4-9 所示。

这种情况下，即使非法分子在第一步截获 code_challenge，在第三步截获授权码，也不能由 code_challenge 逆推出 code_verifier，因而无法换取访问令牌，避免了发生安全问题。

6. 应用场景

在一个企业中可能存在多个系统，如财务系统、销售系统，以及 ERP、OA、CRM 系统等，如果每个系统都用独立的账号认证体系，会给用户带来很大困扰，也给管理带来很大不便，所以需要设计统一登录的解决方案。常见的解决方案有两种：一种是 SSO，可以一次输入密码登录多个网站；另一种是多平台登录，可以用一个账号（如 QQ 账号）登录多个网站。

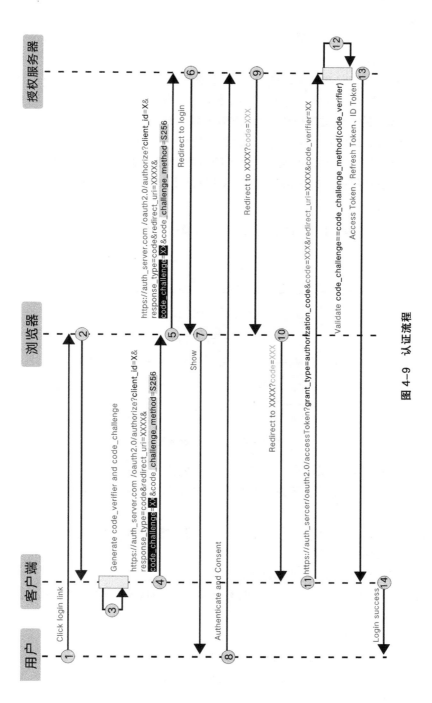

图 4-9 认证流程

4.2.2 JWT

1. 协议标准

JWT（JSON Web Token，JSON 页面令牌）是为了在网络上传递声明而执行的基于 JSON 的开放标准，适用于空间受限的环境，如 HTTP 授权标头和 URI 查询参数。JWT 的声明被编码为一个 JSON 对象，作为一个 JSON 页面签名（JSON Web Signature，JWS）结构的有效负载或作为一个 JSON 页面加密（JSON Web Encryption，JWE）结构的明文，允许声明被数字签名和进行完整性检查，通过消息认证码或者加解密。JWT 总是使用 JWS 序列化或 JWE 序列化来表示。

2. 认证流程

JWT 认证流程如图 4-10 所示。客户端通过 HTTP 端口发起请求，并出示用户身份凭证。

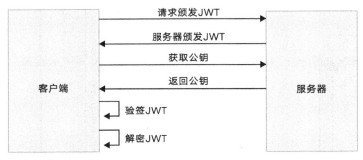

图 4-10　JWT 认证流程

服务器接受客户端请求，验证用户身份凭证，并按配置生成 JWT，并使用公钥进行签名，JWT 默认不进行加密，也可以通过私钥进行加密，客户端用公钥进行解密。

JWT 由 Header、Payload、Signature 三部分组成，具体结构如下。

（1）Header（头部）。

{ "typ": "JWT", "alg": "HS256"}

其中，typ 是 type 的缩写，说明类型是 JWT；alg 是加密方式，说明加密方式为 HS256。

（2）Payload（负载）。

{ "iss": "why", "iat": 1416797419, "exp": 1448333419, "aud": "www.example.com", "sub": "user","jti": "5663d01e-9054-41e7-93c0-011668ef5401","nbf": 1416797419} iss（issuer）：签发人。

iat（issued at）：签发时间。

exp（expiration time）：过期时间。

aud（audience）：受众。

sub（subject）：主题。

nbf（not before）：生效时间。

jti（JWT ID）：编号。

除了官方字段，还可以在这个部分定义私有字段。

（3）Signature（签名）。

采用 Header 中声明的加密方式，用 base64 加密后的 Header、Playload，以及密钥计算得到。

把三部分数据用 base64 加密，通过"."进行拼接得到完整的 JWT。

客户端收到 JWT 后，表示身份验证通过，在请求具体服务时需要对携带的 JWT 进行校验，客户端需要通过 HTTP 端口到服务器获取公钥信息。

3. 应用场景

（1）鉴权（Authentication）。这是使用 JWT 最常见的场景。一旦用户登录，每个后续请求都将包含 JWT，允许用户访问该令牌允许的路由、服务和资源。单点登录是当今广泛使用 JWT 的一项功能，因为它的开销很小，并且能够轻松地跨不同域使用。

（2）分布式站点的单点登录。基于一个统一的认证中心，用户在一个应用站点认证后颁发 JWT，在访问另外一个应用站点时可以携带 JWT 进行单点登录认证。

（3）信息交换（Information Exchange）。JWT 是在各方之间安全传输信息的好方式。因为 JWT 可以签名，如使用公钥 / 私钥对，所以可以确定发件人是其自称的人。此外，由于使用标头和有效负载计算签名，因此还可以验证内容是否被篡改。

（4）多个认证中心互信。多个认证中心共用一套公私钥，一个认证中心颁发的 JWT，另外一个认证中心也可以进行验签，保证用户在多个站点间无缝操作。

4.2.3　OIDC

1. 协议标准

OpenID Connect 简称 OIDC，是基于 OAuth 2.0 扩展而来的一个协议。除了能够实现 OAuth 2.0 中的认证场景，还额外定义了认证的场景。相比 OAuth 2.0，

OIDC 引入了 id_token 和 userinfo 相关的概念。

OAuth 2.0 协议只定义了访问令牌、刷新令牌，但是这两个令牌只是为了保护资源服务器，并没有资源所有者的身份信息；OIDC 引入了身份令牌（ID Token）的概念，用这个特殊的令牌来确定资源所有者的身份。

标准化身份令牌的格式同 JWT。

标准化身份令牌的内容可参考 OpenID 网站中的说明，具体网址如下。

https://openid.net/specs/openid-connect-core-1_0.html#StandardClaims〔2022-8-13〕

OIDC 定义了类似 SAML Metadata 的 Discovery 端口，俗称周知端口（well-known port）。详细说明可参考以下网址中的内容。

https://openid.net/specs/openid-connect-discovery-1_0.html〔2022-8-13〕

OIDC 协议的登录授权流程和 OAuth 2.0 类似，整个流程的参与者也类似（图 4-11），只不过换了两个术语：OpenID 提供者（OpenID Provider，OP），负责认证和授权服务；依赖方（Relying Party，RP），是 OAuth 2.0 中的客户端。

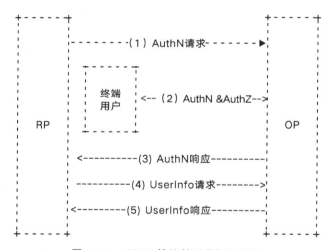

图 4-11　OIDC 协议的登录授权流程

2. 认证流程

OIDC 认证流程如图 4-12 所示。

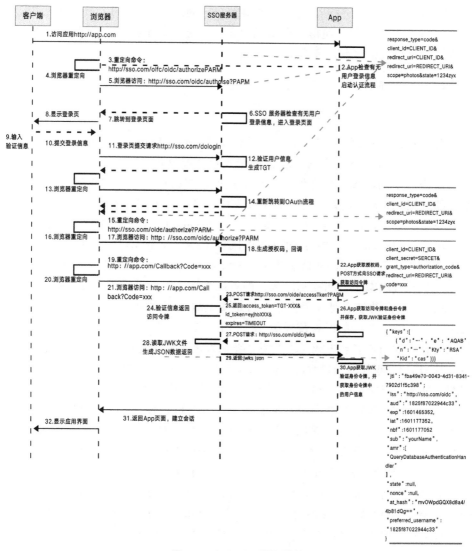

图 4-12　OIDC 认证流程

3. 应用场景

　　OIDC 使得身份认证可以作为一个服务存在，在统一认证场景下提供唯一的认证服务；并且可以作为多个跨域多认证中心互信协议，来支持跨组织跨地域之前不同的认证中心的信任传递的场景。

　　OIDC 完全兼容 OAuth 2.0，在 API 资源需要包含的场景下可以使用访问令牌控制受保护的 API 资源。OIDC 可以兼容众多的身份提供者，并且作为其他认证中心的父级的身份提供者来使用。

OIDC 的一些敏感接口均强制要求 TLS，除此之外，得益于 JWT、JWS、JWE 家族的安全机制，使得一些敏感信息可以进行数字签名、加密和验证，进一步保障整个认证过程的安全。

4.2.4 SAML

1. 协议标准

安全断言标记语言（Security Assertion Markup Language，SAML）是一种用于安全性断言的标记语言，目前的最新版本是 2.0。在 SAML 协议中，一旦用户身份被主网站（身份提供者）认证过后，该用户再去访问其他在主网站注册过的应用（服务提供者）时，都可以直接登录，而不用再输入用户名和密码。

SAML 规范定义了 3 个角色：委托人（Principal，通常是用户）、身份提供者（Identity Provider，IDP）和服务提供者（Service Provider，SP）。在 SAML 协议流程中，委托人向 SP 请求服务。SP 向 IDP 请求并获得认证断言。基于这个断言，SP 可以做出访问控制决策，即可以决定是否为请求的委托人执行服务。

SAML 断言的核心是一个主题（特定安全域上下文中的主体）。对象通常是用户。在将基于主题的断言传递给 SP 之前，IDP 可能会向委托人请求一些身份凭证信息（如用户名和密码），以便对委托人进行身份验证。SAML 协议可以自定义从 IDP 传递到 SP 的断言内容。在 SAML 中，一个 IDP 可以向多个 SP 提供 SAML 断言。同样，一个 SP 可能依赖并信任来自多个独立 IDP 的断言。

SAML 没有指定 IDP 的身份验证方法。IDP 可以使用用户名和密码，或其他形式的身份验证，包括多因子身份认证，如 RADIUS、LDAP 或 AD 之类的目录服务允许用户使用用户名和密码登录，是 IDP 身份验证令牌的典型来源。流行的互联网社交网络服务也提供了理论上可用于支持 SAML 交换的身份服务。

SAML 协议的核心是：IDP 和 SP 通过用户浏览器的重定向访问来实现交换数据。SP 向 IDP 发出 SAML 身份认证请求消息，来请求 IDP 验证用户身份；IDP 向用户索要用户名和密码，并验证其是否正确，如果验证无误，则向 SP 返回 SAML 身份认证应答，表示该用户已经登录成功，此外应答中还包括一些额外的信息，来确保应答没有被篡改和伪造。

2. SAML 断言

断言是一个包含由 SAML 授权方提供的 0 到多个声明（statement）的信息包。SAML 断言通常围绕一个主题生成。该主题使用 <Subject> 声明。SAML 2.0 规范定义了三种断言声明并且每一种都和一个主题相关。详细信息如下。

（1）身份验证（Authentication）断言。该断言的主题是在某个时间通过某种方式被认证。

（2）属性（Attribute）断言。该断言的主题和用户的某些属性相关联。

（3）授权决策（Authorization Decision）断言。该断言的主题被允许或禁止访问某个资源。

有一种非常重要的 SAML 断言类型称为承载断点（Bearer Assertion）。它主要用来实现 Web 浏览器的单点登录。例如，一个 IDP 发布了一个短期承载断言到一个 SP，该断言包含一个身份验证断言 <saml：AuthnStatement> 和一个属性断言 <saml：AttributeStatement>，SP 将使用该属性断言实现访问控制。其中前缀 "saml："代表 SAML 2.0 断言的命名空间。

3. SAML 元数据

元数据是配置数据，包含了关于 SAML 通信过程中的各方信息，如 IDP 或 SP 的 ID、Web 服务的 URL 地址、所支持的绑定类型和通信中的密钥等。

为了安全地互操作，合作伙伴以任何形式和任何可能的方式共享元数据，应至少共享以下元数据：实体编号、密钥、协议端点（绑定和位置）。

每个 SAML 系统实体都有一个实体 ID，一个用于软件配置、依赖方的全局唯一标识符。在网络上，每条 SAML 协议消息都包含发行者的实体 ID。

出于身份验证的目的，SAML 消息可由发行者进行数字签名。为了验证消息上的签名，消息接收者使用已知属于发布者的公钥进行验签。如果要加密消息，发布者必须知道属于最终接收者的公共加密密钥。在签名和加密过程中，认证双方必须提前共享受信任的公钥。

一旦消息被签名和加密，发布者就会将消息发送到已知的受信任的协议端点。端点收到消息后，消息接收方在将消息中的实体 ID 映射到受信任的伙伴之前，对消息进行解密（使用自己的私有解密密钥）并验证签名（使用元数据中的可信公钥）。

前面的场景需要一方事先了解对方。为了建立信任基础，各方相互共享元数据。最初像通过电子邮件共享信息一样简单。但随着时间的推移，随着 SAML 合作伙伴数量的增加，需要进行自动化元数据共享过程。

想要完全自动化元数据共享过程，则需要标准文件格式。为此，SAML 2.0 元数据规范定义了 SAML 元数据的标准表示，它简化了 SAML 软件的配置过程，并使得创建安全、自动化的元数据共享过程成为可能。

4. SAML 元数据示例

SAML 元数据包括：实体 ID 和实体属性、角色描述符、用户界面元素、签名密钥或加密密钥、单点登录协议端点、注册和出版信息、组织和联系信息（供终端用户使用）。

在下面的示例中，元数据中的特定 URI（如 entityID 端点位置）通过 URI 的域组件映射到责任方。

example.info 对应的是未指定的 SAML 实体（如身份提供者或服务提供者）。

example.org 对应的是 SAML 身份提供者。

example.com 对应的是 SAML 服务提供者。

example.net 对应的是元数据注册和发布的受信任的第三方。

SAML 元数据描述了除浏览器用户外的所有参与元数据驱动的 SAML SSO 的各方。

（1）实体元数据。

以下代码示例说明了 SAML<md：EntityDescriptor> 元素的常见技术特性（下面讲解代码中加粗字体的元素和属性）。

```
<md:EntityDescriptor entityID = "https://sso.example.info/entity"  validUntil=
"2017-08-30T19:10:29Z"
  xmlns:md= "urn:oasis:names:tc:SAML:2.0:metadata "
  xmlns:saml= "urn:oasis:names:tc:SAML:2.0:assertion"
  xmlns:mdrpi= "urn:oasis:names:tc:SAML:metadata:rpi"
  xmlns:mdattr= "urn:oasis:names: tc:SAML:metadata:attribute"
  xmlns:ds= "http://www.w3.org/2000/09/xmldsig#" >
  <!-- 插入 ds:Signature 元素（省略）-->
  <md:Extensions >
    <mdrpi:RegistrationInfo registrationAuthority= "https://registrar.example.net"
    <mdrpi:PublicationInfor creationInstant="2017-08-16T19:10:29Z"  publisher= "https://registrar.
example.net"
    <mdattr:EntityAttributes>
      <saml:Attribute  Name= "http://registrar.example.net/entity- category" NameFormat= "ur
n:oasis:names:tc:SAML:2.0:attrname-format:uri" >
          <saml:AttributeValue> https://registrar.example.net/category/self-certified
</saml:AttributeValue>
      </saml:Attribute>
    </mdattr:EntityAttributes>
  </md:Extensions>
  <!-- 插入一个或多个 md:RoleDescriptor 抽象类型的具体实例（见下文）-->
  <md:Organization>
    <md: 组织名称 xml:lang= "zh" > ...</md:OrganizationName>
    <md:OrganizationDisplayName  xml:lang= "en" > ... </md:OrganizationDisplayName>
    <md:OrganizationURL xml:lang= "en" > https://www.example.info/ < /md:OrganizationURL>
  </md:Organization>
  <md:ContactPerson  contactType= "technical" >
  <md:SurName> SAML 技术支持 </md:SurName>
  <md:EmailAddress> mailto:technical-support@example.info < /md:EmailAddress>
  </md:ContactPerson>
</md:EntityDescriptor>
```

entityID 属性：实体的唯一标识符。entityID 是必需项。

validUntil 属性：给出元数据的到期日期。

<ds：Signature> 元素：包含一个数字签名，用于确保元数据的真实性和完整性。签名者是元数据注册商的受信任的第三方。

<mdrpi：RegistrationInfo> 元素：元数据注册商标识符的扩展信息。

<mdrpi：PublicationInfo> 元素：元数据发布者。其 creationInstant 属性给出了创建元数据的精确时刻。将 creationInstant 属性值与 validUntil 属性值进行比较，可以确定元数据的有效期为两周。

<mdattr：EntityAttributes> 元素：包括一个单一的实体属性。

<md：Organization> 元素：定义组织的实体描述符，包括组织名称、显示名称、组织 URL 等信息。

<md：ContactPerson> 元素：标识负责该实体的技术人员的联系信息。

为简洁起见，此示例省略了角色描述符。SAML 元数据规范定义了 md：RoleDescriptor 抽象类型的许多具体实例，如 <md：IDPSSODescriptor> 元素和 <md：SPSSODescriptor> 元素描述了两个最重要的角色。

（2）身份提供者元数据。

身份提供者元数据是一个 SAML 身份提供者管理一个单点登录服务端点，接收来自服务提供者的认证请求。该角色中身份提供者的实体描述符包含一个 <md：IDPSSODescriptor> 元素，该元素包含一个或多个 <md：SingleSignOnService> 端点。以下代码示例说明了这样的端点（下面讲解代码中加粗字体的元素和属性）。

```
<md:EntityDescriptor entityID = "https://sso.example.org/idp"  validUntil=
"2017-08-30T19:10:29Z"
  xmlns:md= "urn:oasis:names:tc:SAML:2.0:metadata "
  xmlns:saml= "urn:oasis:names:tc:SAML:2.0:assertion"
  xmlns:mdrpi= "urn:oasis:names:tc:SAML:metadata:rpi"
  xmlns:mdattr= "urn:oasis:names: tc:SAML:metadata:attribute"
  xmlns:mdui= "urn:oasis:names:tc:SAML:metadata:ui"
  xmlns:ds= "http://www.w3.org/2000/09/xmldsig#" >
<!-- 插入 ds:Signature 元素（省略）-->
<md:Extensions>
  <mdrpi:RegistrationInfo  registrationAuthority= "https://registrar.example.net" />
  <mdrpi:PublicationInfo creationInstant= "2017-08-16T19:10:29Z" publisher= "https://registrar.
example.net" />
  <mdattr:EntityAttributes>
```

```
    <saml:Attribute  Name= "http://registrar. example.net/entity-category"  NameFormat= "ur
n:oasis:names:tc:SAML:2.0:attrname-format:uri" >
    <saml:AttributeValue> https://registrar.example.net/category/self-certified </saml:AttributeValue>
    </saml:Attribute>
   </mdattr:EntityAttributes>
  </md:Extensions>
 <md:IDPSSODescriptor  protocolSupportEnumeration= "urn:oasis:names:tc:SAML:2.0:pro
tocol">
  <md:Extensions>
  <mdui:UIInfo>
   <mdui:DisplayName  xml:lang= "en" > Example.org </mdui:DisplayName>
   <mdui:Description  xml:lang= "en" > Example.org 的身份提供者 </mdui:Description>
    <mdui:Logo  height= "32"  width= "32"  xml:lang= "en" > https://idp.example.org/
myicon.png </mdui:Logo>
    </mdui:UIInfo>
   </md:Extensions>
  < md:KeyDescriptor  use= "signing" >
  <ds:KeyInfo> ... </ds:KeyInfo>
  </md:KeyDescriptor>
    <md:SingleSignOnService Binding="urn:oasis:names:tc:SAML:2.0:bindings:HTTP-
Redirect" Location= "https://idp.example.org/SAML2/SSO/Redirect" />
    <md:SingleSignOnService  Binding= "urn:oasis :names:tc:SAML:2.0:bindings:HTTP-
POST" Location= "https://idp.example.org/SAML2/SSO/POST" />
  </md:IDPSSODescriptor>
  <md:Organization>
  <md: OrganizationName xml:lang= "en" > Example.org Non-Profit Org </md:OrganizationName>
  <md:OrganizationDisplayName xml:lang= "en" > Example.org </md:OrganizationDisplayName>
  <md:OrganizationURL xml:lang= "zh" >https://www.example.org/ </md:OrganizationURL>
  </md:Organization>
  <md:ContactPerson  contactType= "technical" >
  <md:SurName> SAML 技术支持 </md:SurName>
  <md:EmailAddress > mailto:technical-support@example.org </md:EmailAddress>
  </md:ContactPerson>
</md:EntityDescriptor>
```

　　<md：IDPSSODescriptor> 元素描述了身份提供者所处的单点登录服务。有
关此元素的详细信息如下。

　　<mdui：UIInfo> 元素：包含一组用于在服务提供者处建立动态用户界面语
言。服务提供者最重要的用户界面是身份提供者界面（登录页面）。

　　<md：KeyDescriptor use="signing"> 元素：身份提供者配置有 SAML 签名私钥，相应的验签公钥包含在其中。在本例中，密钥描述符中省略了密钥相关示例。

　　<md：SingleSignOnService> 元素：一组元素项，包括 Binding 属性和 Location 属性。其中，Binding 属性是 SAML 2.0 绑定规范（SAMLBind）中指定的标准 URI；Location 属性是服务提供者使用身份提供者元数据中的属性值来路由 SAML 消息，这最大限度地降低了非法身份提供者进行中间人攻击的可能性。

　　（3）服务提供者元数据。

　　服务提供者元数据是 SAML 服务提供者管理的断言，用户服务端点从身份提供者处接收认证断言。该角色中的服务提供者的实体描述符包含一个 <md：SPSSODescriptor> 元素，该元素包含一个或多个 <md：AssertionConsumerService> 端点。以下代码示例说明了这样的端点（下面讲解代码中加粗字体的元素和属性）。

```
<md:EntityDescriptor entityID = "https://sso.example.com/portal"  validUntil= "2017-08-
30T19:10:29Z"
 xmlns:md= "urn:oasis:names:tc:SAML:2.0:metadata "
 xmlns:saml= "urn:oasis:names:tc:SAML:2.0:assertion"
 xmlns:mdrpi= "urn:oasis:names:tc:SAML:metadata:rpi"
 xmlns:mdattr= "urn:oasis:names: tc:SAML:metadata:attribute"
 xmlns:mdui= "urn:oasis:names:tc:SAML:metadata:ui"
 xmlns:idpdisc= "urn:oasis:names:tc:SAML:profiles:SSO:idp-discovery- protocol"
 xmlns:ds= "http://www.w3.org/2000/09/xmldsig#" >
<!-- 插入 ds:Signature 元素（省略） -->
<md:Extensions>
 <mdrpi:RegistrationInfo registrationAuthority= "https://registrar.example.net">
 <mdrpi:PublicationInfo  creationInstant= "2017-08-16T19:10:29Z"  publisher= "https://registrar.
example.net"
 <mdattr: EntityAttributes>
  <saml:Attribute  Name= "http://registrar.example.net/entity-category"  NameFormat= "ur
n:oasis:names:tc:SAML:2.0:attrname-format:uri" >
  <saml:AttributeValue> https://registrar.example.net/category/self-certified </saml:
AttributeValue>
  </saml:Attribute>
 </mdattr:EntityAttributes>
</md:Extensions>
 <md:SPSSODescriptor  WantAssertionsSigned= "true" protocolSupportEnumeration=
"urn:oasis:names:tc:SAML:2.0:protocol" >
  <md:Extensions>
   <mdui:UIInfo>
```

```
        <mdui:DisplayName xml:lang= "en" > Example.com 供应商服务 </mdui:DisplayName >
        <mdui:InformationURL xml:lang= "en" > https://service.example.com/about.html
</mdui:InformationURL>
        <mdui:PrivacyStatementURL xml:lang= "en" > https://service. example.com/privacy.html
</mdui:PrivacyStatementURL>
          <mdui:Logo height= "32" width= "32" xml:lang= "zh" >https://service.example.com/
myicon.png </mdui:Logo>
      </mdui:UIInfo>
      <idpdisc:DiscoveryResponse index= "0" Binding= "urn:oasis:names:tc:SAML:profiles:
SSO :idp-discovery-protocol" Location= "https://service.example.com/SAML2/Login"
      </md:Extensions>
    <md:KeyDescriptor use= "encryption" >
      <ds:KeyInfo> ... </ds:KeyInfo>
      </md:KeyDescriptor>
      <md:NameIDFormat> urn:oasis:names:tc:SAML:2.0:nameid-format:transient
</md:NameIDFormat>
      <md:AssertionConsumerService index= "0" Binding= "urn:oasis:names:tc:SAML:2.0:b
indings:HTTP-POST" Location= "https://service.example.com/SAML2/SSO/POST"
    <md:AttributeConsumingService index= "0" >
    <md:ServiceName xml:lang= "en" > Example.com 员工门户 </ md:ServiceName>
    <md:RequestedAttribute isRequired= "true"
     NameFormat= "urn:oasis:names:tc:SAML:2.0:attrname-format:uri"
     Name= "urn:oid:1.3.6.1.4.1.5923.1.1.1 .13" FriendlyName= "eduPersonUniqueId"
    <md:RequestedAttribute
     NameFormat= "urn:oasis:names:tc:SAML:2.0:attrname-format:uri"
     Name= "urn:oid:0.9.2342.19200300.100.1.3" FriendlyName="mail"
    </md:AttributeConsumingService>
  </md:SPSSODescriptor>
  <md:Organization>
   <md:OrganizationName xml:lang= "en" > Example.com Inc. </md:OrganizationName>
   <md:OrganizationDisplayName xml :lang= "en" > Example.com </md:OrganizationDisplayName>
   <md:OrganizationURL xml:lang= "en" > https://www.example.com/ </md:OrganizationURL>
  </md:Organization>
  <md:ContactPerson contactType= "technical" >
   <md:SurName>SAML 技术支持 </md:SurName>
   <md:EmailAddress>mailto:technical-support@example.com </md:EmailAddress>
  </md:ContactPerson>
</md:EntityDescriptor>
```

<md：SPSSODescriptor> 元素：描述了服务提供者的断言消费者服务。有关此元素的详细信息如下。

WantAssertionsSigned 属性：声明服务提供者希望 <saml：Assertion> 元素进行数字签名。此属性使元数据感知身份提供者在运行时自动配置信息。

<mdui：UIInfo> 元素：与前面身份提供者元数据中相同元素的说明一样。

<idpdisc：DiscoveryResponse> 元素：限定与身份提供者发现结合使用的端点。

<md：KeyDescriptor use="encryption"> 元素：服务提供者配置有 SAML 解密私钥。相应的加密公钥包含在其中。在本例中，密钥描述符中省略了密钥相关示例。

<md：NameIDFormat> 元素：给出了 SAML 断言中 <saml：NameID> 元素的所需格式。

<md：AssertionConsumerService> 元素：SAML 断言中 <samlp：AuthnRequest> 元素中使用该元素。其中包括 index 属性、Binding 属性和 Location 属性。其中，Binding 属性是 SAML 2.0 绑定规范（SAMLBind）中指定的标准 URI；Location 属性是服务提供者使用身份提供者元数据中的属性值来路由 SAML 消息，这最大限度地降低了非法身份提供者进行中间人攻击的可能性；SAML 断言中 <samlp：AuthnRequest> 元素中的 AttributeConsumingService 会依赖 index 属性。

5. 协议流程

主要的 SAML 用例称为 Web 浏览器单点登录。用户使用用户代理（通常是 Web 浏览器）来请求受 SAML 服务提供者保护的 Web 资源。服务提供者希望知道请求用户的身份，通过用户代理向 SAML 身份提供者发出身份验证请求。SAML 协议流程如图 4-13 所示。

（1）向 SP 请求目标资源。

浏览器用户请求受 SAML 服务提供者保护的 Web 应用程序资源。

```
https://sp.example.com/myresource
```

如果服务提供者处已存在用户主体的有效安全上下文（已经完成认证过程后的后续认证请求），则跳过步骤（2）～（13）。

（2）重定向到发现服务。

在服务提供者启动 SAML 协议流程之前，必须知道浏览器用户的首选身份提供者。服务提供者将使用符合身份提供者发现服务协议和配置文件的本地发现服务。

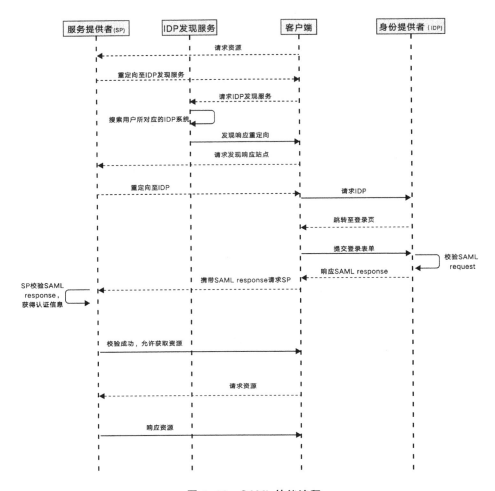

图 4-13　SAML 协议流程

服务提供者将浏览器用户重定向到发现服务。

```
302 Redirect
Location: https://ds.example.com/idpdisc?entityID=https%3A%2F%2Fsso.example.
org%2Fportal
```

（3）请求发现服务。

浏览器用户通过重定向请求发现服务。

```
GET /idpdisc?entityID=https%3A%2F%2Fsso.example.org%2Fportal HTTP/1.1
Host: ds.example.com
```

如何发现元数据中受信任的服务提供者？发现服务如何知道服务提供者是

真实的，而不是为了恶意目的试图了解用户身份提供者的冒名顶替者？在发出响应之前，发现服务会在元数据中查找其受信任的服务提供者列表。发现服务通过未指定的方式（由发现服务自主决定发现界面）发现浏览器用户的首选身份提供者，并获得元数据中的用户界面元素。

　　发现服务如何构建合适的发现界面？发现服务咨询其受信任的元数据存储，以确定要呈现给浏览器用户的受信任身份提供者的适当列表。元数据中的 <mdui：UIInfo> 用户界面元素可用于构建动态发现界面。

　　（4）重定向到服务提供者处的发现响应端点。

　　发现服务将浏览器用户重定向到服务提供者处的发现响应端点。

```
302 Redirect
Location: https://sp.example.com/SAML2/Login?entityID=https%3A%2F%2Fsso.example.
org%2Fidp
```

　　发现服务在元数据中查找可信服务提供者预先安排的发现响应端点位置，并将身份提供者发送给用户 entityID。

　　（5）在服务提供者处请求发现响应端点。

　　浏览器用户通过重定向在服务提供者处请求发现响应端点。

```
GET  /SAML2/Login?entityID=https%3A%2F%2Fsso.example.org%2Fidp  HTTP / 1.1
Host: sp.example.com
```

　　如何确定元数据中的可信身份提供者？服务提供者如何知道 entityID 发现协议 URL 中给出的身份提供者是真实的，而不是试图窃取用户名和密码的冒名顶替者？在下一步发出 SAML 请求之前，服务提供者在元数据中查阅其可信身份提供者列表。如果服务提供者无法确定相关身份提供者可信，则不得将浏览器用户重定向到身份提供者。这就是身份提供者元数据必须是受信任的元数据的原因。

　　（6）在身份提供者处重定向到 SSO 服务。

　　服务提供者生成相关 <samlp：AuthnRequest> 元素，在 URL 查询字符串中编码 SAML 请求，然后将浏览器用户重定向到身份提供者处的单点登录服务。

```
302 Redirect
Location: https://idp.example.org/SAML2/SSO/Redirect?SAMLRequest=request&RelayState=token
```

　　服务提供者在元数据中查找可信身份提供者预先安排的端点位置，并将 SAML 请求发送给用户。

（7）在身份提供者处请求 SSO 服务。

浏览器用户通过重定向在身份提供者处请求单点登录服务端点。

```
GET /SAML2/SSO/Redirect?SAMLRequest=request&RelayState=token HTTP / 1.1
Host：idp.example.org
```

如何确定元数据中的可信服务提供者？身份提供者如何知道服务提供者是真实的，而不是试图收集用户个人身份信息的非法服务提供者？在发出响应之前，身份提供者在元数据中查阅其受信任的服务提供者列表。

（8）返回登录页面。

身份提供者向用户的浏览器返回一个登录页面。登录页面包含一个类似以下内容的 HTML 表单。

```
<form method="post" action="https://sp.example.com/login-response" ...>
  Username:<br>
  <input type="text" name="username"><br>
  Password:<br>
  <input type="password" name="password">
  ...
  <input type="submit" value="Submit" />
</form>
```

元数据中的用户界面元素来自身份提供者使用元数据中的 <mdui：UIInfo>用户界面元素定义的个性化登录页面。

（9）提交登录表单。

浏览器用户向身份提供者提交 HTML 表单。

```
POST /login-response HTTP/1.1
Host: sp.example.com
Content-Type: application/x-www-form-urlencoded
Content-Length: nnn
username=username&password=password
```

在为用户发出 SAML 断言时，身份提供者知道用户主体的身份，因此身份提供者代表用户主体构建 SAML 断言，SAML 断言中的元素 <saml：NameID>对用户主体的标识符进行编码。身份提供者在 SAML 断言中包含 <md：NameIDFormat>urn：oasis：names：tc：SAML：2.0：nameid-format：transient </md：NameIDFormat>，用来指定 NameID 的编码策略。

元数据中的 NameID 格式。元数据感知身份提供者将查询元数据中的 <md：

NameIDFormat> 元素，以确定 NameID 格式。身份提供者在 SAML 断言中包含
两个用户属性：eduPersonUniqueId 和 mail。

　　元数据中请求的属性。元数据感知身份提供者将查询元数据中的 <md：
RequestedAttribute> 元素，以了解服务提供商的属性要求。身份提供者对
SAML 断言进行数字签名和加密，将断言包装在 SAML 响应中，然后也对响应
对象进行签名。身份提供者单独签署响应，断言和响应都经过数字签名。身份
提供者观察到元数据中的 WantAssertionsSigned XML 属性设置为 true，则决定
进行签名。

　　元数据中的可信加密证书。身份提供者在元数据中使用服务提供者的加密
证书来加密断言。

　　（10）使用 SAML 响应页面进行响应。

　　身份提供者向用户的浏览器返回一个 XHTML 文档。该文档包含一个以
XHTML 格式编码的 SAML 响应。

```
<form method="post" action="https://sp.example.com/SAML2/SSO/POST" ...>
  <input type="hidden" name="SAMLResponse" value="response" />
  <input type="hidden" name="RelayState" value="token" />
  ...
  <input type="submit" value="Submit" />
</form>
```

　　身份提供者在元数据中查找可信服务提供者预先安排的端点位置，将
SAML 响应发送给用户。

　　（11）服务提供者请求断言消费者服务。

　　HTML 表单由浏览器自动提交。

```
POST /SAML2/SSO/POST HTTP/1.1
Host: sp.example.com
Content-Type: application/x-www-form-urlencoded
Content-Length: nnn
SAMLResponse=response&RelayState=token
```

　　服务提供者使用元数据中身份提供者的公钥验证响应上的数字签名。解密
断言对象上的签名后，服务提供者也会验证断言上的签名。

　　（12）重定向到目标资源。

　　服务提供者为用户主体创建安全上下文并将浏览器用户重定向到原始 Web
应用程序资源。

```
302 Redirect
Location: https://sp.example.com/myresource
```

（13）再次在服务提供者处请求目标资源。

最后浏览器用户通过重定向在服务提供者处请求目标资源。

```
https://sp.example.com/myresource
```

（14）响应请求的资源。

由于存在安全上下文，服务提供者根据请求将资源返回给浏览器用户代理。

4.2.5 OpenID

1. 协议标准

OpenID 的基本术语如表 4-7 所示。

表 4-7 OpenID 的基本术语

术语	说明
终端用户（End User）	想要向某个网站表明身份的人
OpenID 提供者（OpenID Provider，OP）	对用户身份鉴权
标识（Identifier）	终端用户用以标识其身份的 URL 或 XRI
身份提供者	提供 OpenID URL 或 XRI 注册和验证服务
依赖方	对终端用户的标识进行验证的网站

OpenID 认证提供了一种方式，可以让用户证明自己对某个实体拥有控制权。它不需要依赖方访问用户的凭证（如密码）或其他的敏感信息（如电子邮件地址）等。

OpenID 是分散的，不需要官方机构批准，或者在依赖方网站或 OpenID 提供者处注册。终端用户可以自由地选择使用哪个 OpenID 提供者，并能在其更换 OpenID 提供者时维护自己的标识。尽管协议中没有提出要求使用 JavaScript 或先进的浏览器，但认证方案能很好地使用"AJAX"样式的设置。这就意味着用户可以不离开当前网页就能向依赖方证明他的身份。

OpenID 认证仅使用标准的 HTTP 请求和响应，因此它不需要 User-Agent 具有特殊能力或其他客户端软件。OpenID 不和 Cookie、依赖方的任何具体机制、OpenID 提供者的会话管理挂钩。虽然使用该协议没有必要扩展 User-Agent，但可以简化用户操作。

用户信息或其他信息的交换不包括在该协议中，在此协议上附加协议形成一个框架可解决此问题。OpenID 认证的目的是提供一个基础服务，使它能在自由和分散的方式下携带用户数字标识。

2. 认证流程

OpenID 的认证流程如图 4-14 所示。

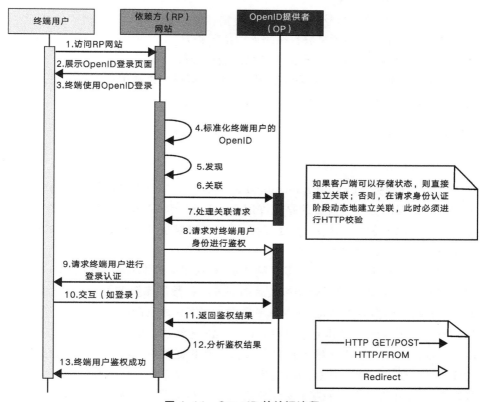

图 4-14 OpenID 的认证流程

（1）终端用户请求登录依赖方网站，选择以 OpenID 方式登录。

（2）依赖方将 OpenID 的登录页面返回给终端用户。

（3）终端用户以 OpenID 登录依赖方网站。

（4）依赖方网站对终端用户的 OpenID 进行标准化，此过程非常复杂。由于 OpenID 可能是 URL，也可能是 XRI，所以标准化方式各不相同。具体标准化过程是：如果 OpenID 以 xri：//、xri：//$ip 或 xri：//$dns 开头，先去掉这些符号；然后对如下的字符串进行判断，如果第一个字符是 =、@、+、$、!，则视为标准的 XRI，否则视为 HTTP URL（若没有 http，为其增加 http：//）。

（5）依赖方发现 OpenID 提供者，如果 OpenID 是 XRI，就采用 XRI 解析，如果是 URL，则用 Yadis 协议解析，若 Yadis 解析失败，则用 HTTP 发现。

（6）依赖方和 OpenID 提供者建立一个关联。两者之间可以建立一个安全通道，用于传输信息并降低交互次数。

（7）OpenID 提供者处理依赖方的关联请求。

（8）依赖方请求 OpenID 提供者对终端用户身份进行鉴权。

（9）OpenID 提供者对终端用户鉴权，请求终端用户进行登录认证。

（10）终端用户登录 OpenID 提供者。

（11）OpenID 提供者将鉴权结果返回给依赖方。

（12）依赖方对 OpenID 提供者的结果进行分析。

（13）依赖方分析后，如果终端用户合法，则返回终端用户鉴权成功，可以使用 OpenID 提供者服务。

4.2.6 CAS

1. 标准协议

中央认证服务（Central Authentication Service，CAS）协议是一种简单而强大的基于票据的协议。其目的是允许用户访问多个应用程序，但仅提供一次安全凭证（如用户名和密码）。它还允许 Web 应用程序对用户进行身份验证，而无须访问用户的安全凭证。

CAS 协议至少涉及三方：客户端 Web 浏览器、请求身份验证的 Web 应用程序和 CAS 服务器。它还可能涉及后端服务（如数据库服务器），它没有自己的 HTTP 接口但需要与 Web 应用程序通信。当客户端访问需要身份验证的应用程序时，应用程序会将其重定向到 CAS。CAS 通常通过对照数据库（也可以是 Kerberos、LDAP 或 AD）检查用户名和密码来验证客户端的真实性。如果身份验证成功，CAS 将客户端返回给应用程序，并传递票据。应用程序通过安全连接联系 CAS 并提供自己的服务标识符和票据来验证票据。然后，CAS 向应用程序提供有关特定用户是否已成功通过身份验证的可信信息。CAS 允许通过代理服务进行多层认证。协作的后端服务（如数据库或邮件服务器）参与 CAS 认证过程，通过从 Web 应用程序接收到的信息来验证用户的真实性。

CAS 的基本术语如表 4-8 所示。

表 4-8　CAS 的基本术语

术语	描述
票据许可票据（Ticket Granting Ticket，TGT）	TGT 存储在用户的 SSO 会话的 Cookie 中，以加密的形式存储，在 Cookie 中的名称为 TGC
服务票据（Service Ticket, ST）	CAS 为用户签发的访问某一客户端的服务票据

2. 认证流程

CAS 的认证流程如图 4-15 所示。

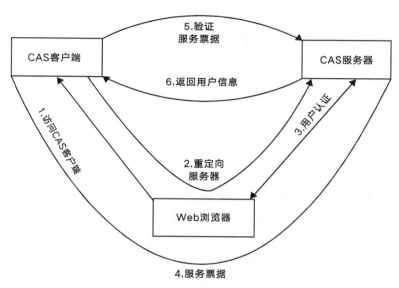

图 4-15　CAS 的认证流程

（1）访问服务：CAS 客户端发送请求访问应用系统提供的服务资源。

（2）定向认证：CAS 客户端会重定向用户请求到 CAS 服务器。

（3）用户认证：用户身份认证，验证用户凭证是否合法。

（4）发放票据：CAS 服务器会产生一个随机的服务票据。

（5）验证票据：CAS 服务器验证服务票据的合法性，验证通过后，允许客户端访问服务。

（6）传输用户信息：CAS 服务器验证票据通过后，传输用户认证结果信息给客户端。

CAS 是基于 HTTP2 的协议，它要求其每个组件都可通过特定的 URI 访问。CAS URI 的说明如表 4-9 所示。

表 4-9　CAS URI 的说明

URI	说明
/login	凭证请求者 / 接收者（credential requestor / acceptor）
/logout	CAS 会话注销（destroy CAS session）
/validate	服务票据验证（service ticket validation）
/serviceValidate	服务票据验证（CAS2.0）[service ticket validation（CAS 2.0）]

续表

URI	说明
/proxyValidate	服务票据 / 代理票据验证（CAS2.0）［service/proxy ticket validation（CAS 2.0）］
/proxy	代理票据服务（CAS2.0）［proxy ticket service（CAS 2.0）］
/p3/serviceValidate	服务票据验证（CAS3.0）［service ticket validation（CAS 3.0）］
/p3/proxyValidate	服务票据 / 代理票据验证（CAS 3.0）［service/proxy ticket validation（CAS 3.0）］

4.2.7　LTPA

1. 协议标准

轻量级第三方身份验证（Lightweight Third-Party Authentication，LTPA）是 IBM WebSphere 和 Lotus Domino 产品中使用的一种身份验证技术。

WebSEAL 可以为 IBM WebSphere 环境提供认证和授权服务及保护。WebSphere 提供对基于 Cookie 的 LTPA 的支持。WebSEAL 被定位为 WebSphere 的保护性前端，用户需跨 WebSEAL 联结（Junction）实现一个或多个 WebSphere 服务器的单点登录解决方案，可以配置 WebSEAL 联结以支持 LTPA。

当用户请求 WebSphere 资源时，用户必须首先向 WebSEAL 认证。认证成功后，WebSEAL 代表用户生成一个 LTPA Cookie。LTPA Cookie 用作 WebSphere 的认证令牌，包含用户身份、密钥和令牌数据、缓冲区长度和到期信息。此信息使用在 WebSEAL 和 WebSphere 服务器之间共享的受密码保护的密钥加密。WebSEAL 在通过联结发送到 WebSphere 的请求的 HTTP 头中插入 Cookie。后端 WebSphere 服务器接收请求，解密 Cookie，并对用户进行身份验证。根据 Cookie 中提供的身份信息对用户进行身份验证。

为了提高性能，WebSEAL 可以将 LTPA Cookie 存储在高速缓存中，并在同一用户会话期间将高速缓存的 LTPA Cookie 用于后续请求。可以为缓存的 Cookie 配置生命周期超时值和空闲（不活动）超时值。WebSEAL 支持 LTPA 版本 1（LTPA Token）和 LTPA 版本 2（LTPA Token 2）。对于 WebSphere 服务器支持 LTPA Token 2 的情况，建议使用 LTPA 版本 2 Cookie。

2. 认证流程

LTPA 的认证流程如图 4-16 所示。当未经认证的用户对 WebSEAL 受保护资源发出请求时，WebSEAL 将首先确定是否提供了 LTPA Cookie。

如果提供了 LTPA Cookie，那么它将验证此 Cookie 的内容，并在验证成功后根据此 Cookie 中包含的用户名和到期时间创建新会话。

如果未提供 LTPA Cookie，那么 WebSEAL 将继续使用其他已配置的认证机制对用户进行认证。

完成认证操作后，将在 HTTP 响应中插入新的 LTPA Cookie，并将其返回客户端以供其他支持 LTPA 的认证服务器使用。

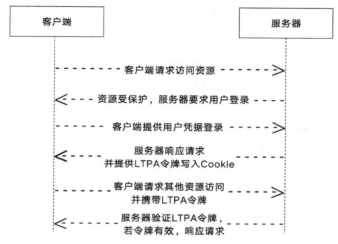

图 4-16 LTPA 的认证流程

LTPA 令牌的属性如表 4-10 所示。

表 4-10 LTPA 令牌的属性

属性	说明
title	策略的标题，字符串
description	对策略的描述，字符串
key	LTPA 秘钥，用于生成 LTPA 令牌 的 LTPA 秘钥名称，包括 my-ltpa-key（策略默认为 1.0）、my-ltpa-key:2.0.0（使用特定版本）、my-ltpa-key:latest（最新版本）
authenticatedUserName	已认证用户名
tokenVersion	令牌版本
tokenOutput	设置已生成令牌的位置（Cookie 头，WSSec 头）
tokenExpiry	令牌过期时间，整数

LTPA Token 用于与 WebSphere Application Server V5.1.0.2 之前的发行版本进行互操作。此令牌仅包含认证身份属性。

LTPA Token 2 包含更强的加密功能，并且能够向令牌添加多个属性。此令牌包含认证身份属性和其他信息。属性用于联系原始登录服务器和唯一高速缓存密钥。如果在确定唯一性时要考虑除身份外的其他内容，还将使用属性来查找主题。

4.2.8 WS-Federation

1.协议标准

WS-Federation 属于 Web 服务安全性（Web Services Security，WSS，是针对 Web 服务安全性方面扩展的协议标准集合）的一部分，是由 OASIS 发布的标准协议。

WS-Federation 的基本目标是简化联合服务的开发。所谓联合（Federation），是指一组相互之间存在安全共享资源关系的领域集合。

WS-Federation 是由依赖方和安全性令牌服务（Security Token Service，STS）用于协商安全令牌的协议。应用程序使用 WS-Federation 从 STS 请求安全令牌，STS 用 WS-Federation 协议将 SAML 安全令牌返回给应用程序。这通常是通过 HTTP（GET、POST 和 REDIRECT）实现的。

2.认证流程

WS-Federation 的认证流程如图 4-17 所示。

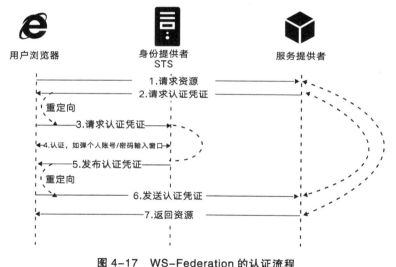

图 4-17 WS-Federation 的认证流程

（1）浏览器向服务提供者发起请求资源。

（2）服务提供者请求浏览器提供认证凭证。

（3）浏览器向身份提供者请求认证凭证。

（4）浏览器和身份提供者进行认证。例如，身份提供者弹出一个可供输入账号/密码的窗口，用户输入后上传给身份提供者。

（5）身份提供者鉴定身份，发布认证凭证（即对应第 3 步的应答）。

（6）浏览器将身份提供者发布的认证凭证发送给服务提供者（即对应第 2 步的应答）。

（7）服务提供者判断凭证合法后，返回资源给浏览器（即对应第 1 步的应答）。

4.3 公钥基础设施

公钥基础设施（Public Key Infrastructure，PKI）系统是计算机软硬件、权威机构及应用系统的结合。它为实施电子商务、电子政务、办公自动化等提供了基本的安全服务，从而使那些彼此不认识或距离很远的用户能通过信任链安全地交流。

4.3.1 公钥基础设施的定义

PKI 是一个包括硬件、软件、人员、策略和规程的集合，用来实现基于公钥密码体制的密钥和证书的产生、管理、存储、分发和撤销等功能。

完整的 PKI 系统必须具有数字证书、认证中心（Certificate Authority，CA）、证书资料库、证书吊销系统、密钥备份及恢复系统、PKI 应用接口等组件。PKI 系统各组件的说明如表 4-11 所示。

表 4-11 PKI 系统各组件的说明

组件	说明
数字证书	包含了用于签名和加密数据的公钥及电子凭证，是 PKI 的核心元素
认证中心	数字证书的申请及签发机关，认证中心必须具备权威性
证书资料库	存储已签发的数字证书和公钥，以及相关证书目录，用户可由此获得所需的其他用户证书及公钥
证书吊销系统	在有效期内吊销的证书列表，在线证书状态协议（Online Certificate Status Protocol，OCSP）是获得证书状态的国际协议
密钥备份及恢复系统	为避免因用户丢失解密密钥而无法解密合法数据的情况，PKI 提供备份与恢复密钥的机制。必须由可信的机构来完成。并且密钥备份与恢复只能针对解密密钥，签名私钥不能备份
PKI 应用接口	为各种各样的应用提供安全、一致、可信的方式与 PKI 交互，确保建立起来的网络环境安全可靠，管理成本较低

1. 数字证书

PKI 中的核心为数字证书，即由具有公信力的机构为个人颁发的身份证明，其可看作个人在虚拟网络世界的身份证。

数字证书的分类方式一般有 4 种，根据证书持有者分类、根据密钥分类、根据验证模式分类、根据域名分类，如图 4-18 所示。

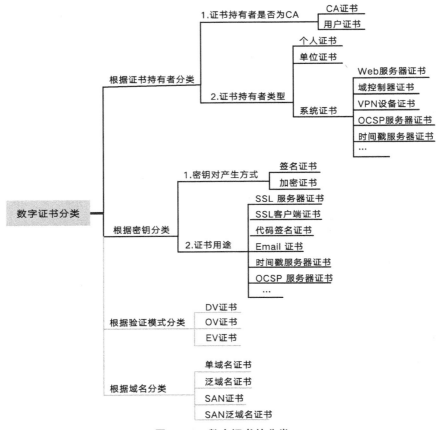

图 4-18　数字证书的分类

2. CA

CA 管理并运营 CA 系统。专门负责颁发数字证书的系统称为 CA 系统，负责管理并运营 CA 系统的机构称为 CA。所有与数字证书相关的各种概念和技术，统称为 PKI。CA 架构如图 4-19 所示。

图 4-19　CA 架构

4.3.2　公钥基础设施与身份认证

由于网络具有开放性和匿名性等特点，非法用户通过一些技术手段假冒他人身份进行网上欺诈的门槛越来越低，从而对合法用户和系统造成极大的危害。身份认证的实质就是证实被认证对象是否真实和有效的过程。在 PKI 系统中，CA 为系统内每个合法用户办一个网上身份认证。CA 与身份认证的关系如图 4-20 所示。

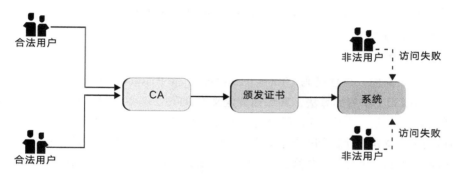

图 4-20　CA 与身份认证的关系

4.4　多因子认证

多因子认证（Multi-Factor Authentication，MFA）是一种简单有效的安全实践方法，它能够在用户名和密码之外再额外增加一层安全保护。静态用户名和密码是目前应用最广泛和最便利的认证方式，但由于其安全性非常有限，因此在发生密码泄露风险时需要通过多因子认证方式防护。

4.4.1　OTP

在平时生活中，我们接触一次性密码（One Time Password，OTP）的场景非常多，如登录账号、找回密码、更改密码和转账操作等场景。其中常用到的方式有：手机短信＋短信验证码；邮件＋邮件验证码；认证器软件＋验证码（如 Microsoft Authenticator App、Google Authenticator App 等）；硬件＋验证码（如网银的电子密码器）。

这些场景的流程一般都是在用户提供了用户名＋密码的基础上，让用户再提供一个一次性的验证码来增加一层额外的安全防护。通常情况下，这个验证码是一个 6～8 位的数字，只能使用一次或仅在很短的时间内可用（如 1 分钟以内）。

1. HOTP

基于消息认证码的一次性密码（HMAC-Based One Time Password，HOTP）。算法细节定义在RFC4226中，算法公式为HOTP（Key，Counter），拆开是Truncate（HMAC-SHA-1（Key，Counter））。

其中，Key为密钥；Counter为一个计数器；HMAC-SHA-1为一个基于SHA1的HMAC算法的函数，返回MAC的值，MAC是一个20B（160bit）的字节数组；Truncate为一个截取数字的函数，以返回的MAC值为参数，按照指定规则，得到一个6位或8位数字（位数太多的话不方便用户输入，太少的话又容易被暴力破解）。

2. TOTP

基于时间的一次性密码（Time-Based One Time Password，TOTP）。TOTP是在HOTP的基础上扩展的算法，算法细节定义在RFC6238中，其核心在于把HOTP中的Counter换成了时间T，可以简单地理解为一个当前时间的时间戳。一般实际应用中会固定一个时间的步长，如30秒、60秒、120秒等。也就是说，在这个步长的时间内，基于TOTP算法算出的OTP值是一样的。OTP认证流程如图4-21所示。

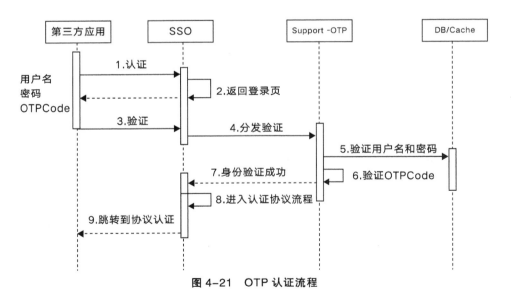

图 4-21　OTP 认证流程

4.4.2　二维码

二维码又称二维条码，是用特定的几何图形按一定规律在平面（二维方向）上分布的黑白相间的图形。相比一维的条码，二维码能够在横向和纵向两个方向同时表达信息，因此能在很小的面积内表达大量的信息，同时可以有较高的容错能力。

　　手机二维码扫描登录，提供了一种安全快速的登录方式，实现了无密码登录，其原理是依赖手机 App 的安全认证传递到计算机端的应用获取到同样的身份。具体过程如下。

　　计算机端：浏览器调用后台接口，由后台为每个客户端生成唯一的二维码图片，为了保证二维码本身的安全性，一般情况下，每一分钟就在参数中加入随机数重新生成一个不同的二维码图片。

　　手机 App：前提是 App 已经通过认证，通过手机摄像头扫描计算机端二维码，并解析二维码内容后，调用后端接口，把二维码内容和当前认证后的身份信息发送到后端。

　　后端：收到手机 App 发送的消息，校验收到的二维码中的唯一客户端 ID 和 App 的身份后，标记当前客户端为登录状态，生成一个临时码并通过客户端轮询接口通知客户端，客户端收到临时码后进行提交登录认证；后端收到计算机端发起的登录和传输过来的临时码，校验临时码完成认证功能。二维码认证流程如图 4-22 所示。

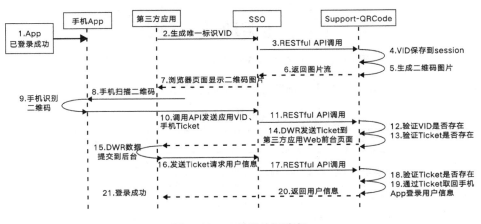

图 4-22　二维码认证流程

4.4.3　WebAuthN

1. WebAuthN 的定义

　　WebAuthN（Web 身份验证）是由万维网联盟（World Wide Web Consortium，W3C）发布的 Web 标准。WebAuthN 是线上快速身份认证（Fast IDentity Online，FIDO）联盟指导下的 FIDO2 项目的核心组成部分。该项目的目标是标准化用户对基于 Web 的应用程序和服务的公钥认证的接口。

WebAuthN API 使用不对称密钥替代密码或短信验证在网站上注册、验证。双因子认证（Second-Factor Authentication）解决了钓鱼、数据破坏、短信攻击及其他重大安全问题，同时显著提高易用性（因为用户不必管理许多越来越复杂的密码）。

WebAuthN 支持的生物验证方式包括笔记本电脑的指纹识别和面部识别、安卓设备的指纹识别等。追求高安全的用户还可额外购买兼容 FIDO 的实体安全密钥，FIDO 支持指纹识别、面部识别、虹膜识别、声音识别、实体密钥（USB 连接、蓝牙连接、NFC 连接），支持设备系统包括 Windows 10、Linux、Mac OS、Android、iOS、智能手表等。WebAuthN 在各种移动系统上的认证效果如 4-23 所示。

图 4-23　WebAuthN 在各种移动系统上的认证效果

WebAuthN 的支持系统和浏览器如表 4-12 所示。

表 4-12　WebAuthN 的支持系统和浏览器

支持系统	支持浏览器
Windows	Edge，Firefox，Chrome
Linux	Firefox，Chrome
Mac OS	Safari，Firefox，Chrome
Android	Firefox，Chrome
iOS	Brave，Firefox，Chrome

Windows 上的 Microsoft Edge 使用 Windows Hello（带面部识别器、指纹识别器或 PIN），Mac OS 上的 Chrome 使用 Touch ID 指纹识别器，Android 上的 Chrome 使用指纹识别器。

2. WebAuthN 的架构实现

WebAuthN 用公钥证书代替了密码，完成用户的注册和身份认证（登录）。

它更像是现有身份认证的增强或补充，为了保证通信数据安全，一般基于 HTTPS（TLS）通信，在这个过程中有以下 4 个模块。

服务器（Server）：可以被认为是一个依赖方，能够存储用户的公钥并负责用户的注册、认证。

JS 脚本（JavaScript）：调用浏览器 API，与服务器进行通信，发起注册或认证过程。

浏览器（Browser）：需要包含 WebAuthN 的凭证管理 API 提供给 JS 脚本调用，还需要实现与认证模块进行通信，由浏览器统一封装硬件设备的交互。

认证模块（Authenticator）：能够创建、存储、检索身份凭证。它一般是一个硬件设备（如智能卡、USB、NFC 等），也可能已经集成到了操作系统（如 Windows Hello、Mac OS 的 Touch ID 等）。

（1）注册流程。

WebAuthN 初始需要从系统本地生成非对称密钥对，并按流程注册到服务器，如图 4-24 所示。

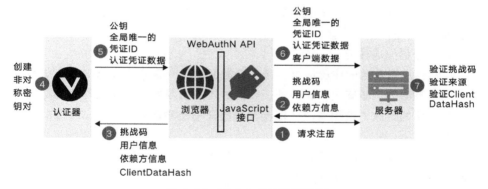

图 4-24　WebAuthN 注册流程

① 应用程序请求注册。应用程序发出注册请求，服务器提供 API 由前端 JS 脚本调用发起注册请求。

② 服务器返回注册数据。服务器将挑战码、用户信息和依赖方信息发送回应用程序。

挑战码（Challenge）：必须是随机的字符串（至少 16B），并且必须在服务器上生成以确保安全。

用户信息（User Information）：服务器需要知道当前谁来注册，在正常应用场景中，第一步需要在其他辅助认证的情况下获取当前合法用户信息。例如，第一步传输静态用户名和密码来进行一次校验，服务器认可当前是一个合法用户请求注册。

依赖方信息：依赖方信息就是服务器自身信息，由 AuthenticatorAttestationResponse 对象组成的服务器上下文，其中主要包含公钥证书（PublicKeyCredential）。

③ 浏览器调用认证器。请求认证器创建认证证书，浏览器生成客户端数据（Client Data），包括挑战码、用户信息、依赖方信息和 ClientDataHash（由挑战码和依赖方信息通过 SHA–256 哈希算法加密后的字符串）传输给认证器。

④ 认证器创建密钥对。认证器通常会要求用户以某种形式确认密钥器的所属，如输入 PIN、使用指纹、虹膜扫描等，以证明用户在场并同意注册。验证通过后，认证器将创建一个新的非对称密钥对，并安全地存储私钥以供将来验证使用。公钥则成为证明的一部分，在制作过程中烧录于认证器内的私钥进行签名。这个私钥会具有可以被验证的证书链。

⑤ 认证器数据返回浏览器。返回数据包括新的公钥、全局唯一的凭证 ID 和认证凭证数据（Attestation Object l 包含 FIDO 的元数据）会被返回浏览器。

⑥ 浏览器打包数据，发送到服务器。

打包数据包含公钥、全局唯一的凭证 ID、认证凭证数据、客户端数据。其中，认证凭证数据包含了 ClientDataHash，可以确定当前生成的公钥是分配给当前请求注册的用户。

⑦ 服务器完成注册。

收到客户端发送的注册请求，服务器需要执行一系列检查以确保注册完成且数据未被篡改。步骤包括：验证接收到的挑战码与发送的挑战码相同；确保来源与预期的一致；使用对应认证器型号的证书链验证 ClientDataHash 的签名和验签。

一旦验证成功，服务器会把新的公钥与用户账号相关联，以供将来用户希望使用公钥进行身份验证时使用。

（2）认证流程。

WebAuthN 认证流程如图 4–25 所示，与服务器交互完成安全的认证校验。

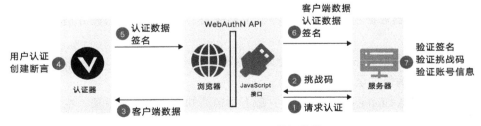

图 4–25　WebAuthN 认证流程

① 应用程序请求认证。

应用程序发出注册请求，服务器提供 API 由前端 JS 脚本调用发起注册请求。

② 服务器返回挑战码。挑战码必须是随机信息（如超过 100B）的长字符串，并且必须在服务器上生成挑战码，以确保身份验证过程的安全。

③ 浏览器调用认证器。浏览器生成客户端数据，生成 ClientDataHash 传输给认证器。

④ 认证器创建断言。认证器提示用户进行身份认证（如输入 PIN、使用指纹、虹膜扫描等），并通过在注册时保存的私钥对 ClientDataHash 和认证数据进行签名创建断言。

⑤ 认证器数据返回浏览器。返回认证数据和签名到浏览器。

⑥ 浏览器打包数据，发送到服务器，包含客户端数据、认证数据和签名到浏览器。

⑦ 服务器完成注册。收到浏览器发送的认证请求，服务器需要执行一系列检查以确保认证完成且数据未被篡改，步骤包括：使用注册请求期间存储的公钥验证身份验证者的签名；确保由身份验证程序签名的挑战码与服务器生成的挑战码匹配；检查账号信息，是否是服务器中存在的账号。

在 WebAuthN 规范中可以找到验证断言的完整步骤列表。假设验证成功，服务器将知道用户现在已通过身份验证。

（3）WebAuthN 的应用场景。

WebAuthN 提供了一个安全的无密码认证标准，彻底抛弃了密码，并且统一由操作系统完成安全硬件设备和生物特征识别的集成及管理。浏览器调用操作系统提供的功能形成认证器，应用开发者按标准与浏览器集成即可完成 FIDO 认证，无须关心硬件设备的兼容和生物特征的算法，使得应用开发者集成 FIDO 认证抛弃密码更加容易和安全。

① 集成 Windows Hello 认证。

Windows 10 系统的 Windows Hello 模块集成人脸识别、指纹识别、PIN 等认证方式，在 Windows 上运行的 Web 应用注册或认证时可以通过浏览器直接与 Windows Hello 集成获取用户身份凭证进行认证。

② 集成 Mac OS Touch ID 认证。

Mac 统自带 Touch ID 指纹认证，浏览器通过接口可以直接唤醒 Touch ID 进行认证；支持 WebAuthN 的 Web 应用可以直接使用 Touch ID 进行登录。

④ 集成 Android 指纹认证。

由于 Android 系统厂商的异构，不同手机厂商会有不同的人脸识别或指纹识别模块，通过 WebAuthN 由系统层面封装了与生物识别设备的对接，应用系统就无须关心 Android 系统的异构性，直接使用手机的生物认证登录。

⑤ 集成 iOS 人脸认证。

iPhone 系统自带 Face ID 人脸认证，浏览器通过接口可以直接唤醒 Face ID 进行认证，支持 WebAuthN 的 Web 应用可以直接使用 Face ID 进行登录。

⑥ 使用 YubiKey 认证。

YubiKey 是一个外置的 Ukey，存储用户私钥来进行 WebAuthN 认证，其可以同时支持计算机端和手机 App。计算机模式下通过 USB 接口访问；手机 App 模式下通过 NFC 访问。

（4）WebAuthN 存在的缺点。

WebAuthN 依赖于浏览器与认证模块通信，那么必须使用最新的浏览器方可支持。

WebAuthN 设计的目标是解决认证，用户一旦通过认证，就可以访问所有资源，但在零信任架构中不允许一次认证永久使用的场景存在。

4.5 跨域身份管理

跨域身份管理（System for Cross-domain Identity Management，SCIM）主要用于多租户的云应用身份管理。

SCIM 2.0 建立在一个对象模型上，所有 SCIM 对象都继承资源，它有 id、externalid 和 meta 属性。RFC7643 定义了扩展公共属性的用户、用户组和企业用户。SCIM 的协议框架如图 4-26 所示。

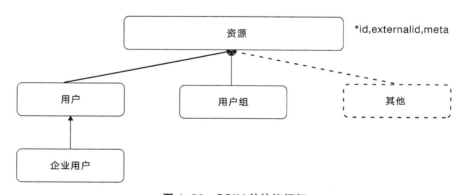

图 4-26　SCIM 的协议框架

对于资源的操作，SCIM 提供了一套 RESTful API，包含丰富但简单的操作集，支持从修改特定用户的特定属性到进行批量更新的所有操作，如表 4-13 所示。

表 4-13　SCIM 的 RESTful API 操作集

操作	类型	示例网址
创建（create）	POST	https://example.com/{v}/{resource}
读取（read）	GET	https://example.com/{v}/{resource}/{id}
替换（replace）	PUT	https://example.com/{v}/{resource}/{id}
删除（delete）	DELETE	https://example.com/{v}/{resource}/{id}
更新（update）	PATCH	https://example.com/{v}/{resource}/{id}
搜索（search）	GET	https://example.com/{v}/{resource} ?　filter = {attribute} {op} {value} & sortBy = {attributeName} & sortOrder = {ascending | downcending}
批量（bulk）	POST	https://example.com/{v}/Bulk

　　SCIM 2.0 于 2015 年 9 月在 IETF 下发布，主要包含三个 RFC 标准，即 RFC7642、RFC7643 和 RFC7644。

　　RFC7642 标准：SCIM 的定义、概述、概念和要求（Definitions，Overview，Concepts，and Requirements），并列出了跨域身份管理系统的用户场景和使用案例。

　　RFC7643 标准：SCIM 的核心模式（Core Schema），定义了 SCIM 平台基础架构（用户和用户组）和扩展模型。

　　RFC7644 标准：SCIM 的协议（Protocol），用于在网页上提供和管理身份数据的应用级 REST 协议。

第 **3** 篇　　**应用篇**

本篇共四章，即第 5 ～ 8 章，主要涵盖如下问题。

● 企业内部的身份和访问控制有哪些应用场景？
● 企业外部有哪些应用场景？
● 物联网环境下的身份和访问控制如何应用？
● 云计算环境的 SaaS 如何保证身份和访问控制？
● 云原生下的身份和访问控制如何实现？

第5章　企业内部的身份和
访问控制管理

本章介绍企业身份管理安全和效率的提升、企业关键数据的保护、集团内部的互联互通等内容。在企业身份管理安全和效率的提升小节对统一身份、统一认证进行了阐述；在企业关键数据的保护小节对特权管控、用户行为分析进行了阐述；在集团内部的互联互通小节对租户管理、应用集成、认证访问进行了阐述。

5.1　企业身份管理安全和效率的提升

5.1.1　统一身份

用户未集中管理之前，企业存在账号权限变动、账号密码管理不规范、内外部账号管理不规范、系统维护效率低、系统孤岛、统一审计困难等几项关键问题，因此在单一业务系统中无暇考虑未来涉及与其他系统存在共享身份数据时的安全和管理规范的问题。

传统企业在实际业务中存在账号开通与回收的滞后，没有对某一用户在各系统的访问权限进行统一管理，因此在员工调岗或离职时，由于缺乏制度、流程及技术手段的有效控制，无法对各系统中的员工账号进行同步变动，发生调整的员工在原系统的访问权限可能还在，造成安全隐患。

企业员工常用的各种业务系统（如 ERP 系统、OA 系统、邮箱系统等）的账号密码都不相同，员工要记忆很多账号密码信息。

企业外聘员工（如外包员工、临时员工、实习生等），以及外网采购供应商、企业微信用户、云用户等，使用企业内部的信息系统需要用自己的账号密码登录，对于这些账号密码的管理策略显然和内部用户不同，因此需要建设一套内外部账号统一并安全的账号管理机制。

运维人员手工管理效率低下且容易出错。运维人员在管理用户、授权、重置密码等方面花费了大量的时间，大量的重复数据需要冗余存放和同步管理，如何快速调整因业务变动造成的用户变更和权限变更是目前所面临的一个问题。

新建一个业务系统时，如果没有合适的可复用系统，需新建用户管理体系，不但因重复建设造成资源的浪费，而且零散的用户管理体系给过程审计带来了非常大的难度，制约了业务的发展。

随着企业业务的发展，针对用户访问、权限使用和数据管理，缺乏实时有效的事前预警、事中审计及事后追责机制，无法满足企业合规要求。

1. 平台架构

统一身份平台的架构由统一访问入口、统一身份管理、协同交换、API 服务、业务系统、基础资源层等子系统组成，如图 5-1 所示。

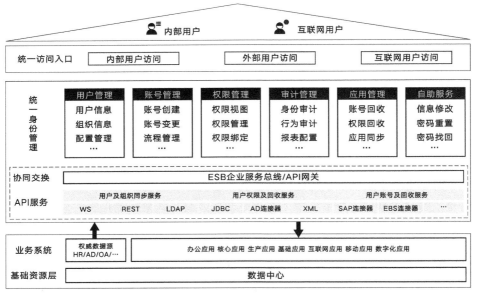

图 5-1　统一身份平台的架构

（1）统一访问入口。

统一身份平台通常会提供统一的访问入口，方便用户登录后完成对各个业务系统的访问。根据访问业务的不同，用户被划分为内部、外部、互联网 3 种类型。

（2）统一身份管理。

统一身份管理是统一身份平台的核心子系统，通过统一身份管理系统实现对各业务系统的账号统一管理与授权，提供权限控制和审计，对外提供用户的唯一标识，大大减少了对各业务系统的认证升级、账号维护、密码管理、流程配置等运维工作量。

（3）协同交换。

协同交换主要解决统一身份管理系统与各业务系统之间的交互问题，包括数据同步（用户信息、组织信息、账号信息、权限信息等）、业务系统访问等接口的配置，由 API 服务系统提供接口的适配。

（4）API 服务。

API 服务解决不同业务服务的接口适配，根据业务与需求的不同，提供用户及组织同步服务、用户权限及回收服务、用户账号及回收服务。

① 用户及组织同步服务。

在有数据发生变更时，一般由权威数据源通过 API 服务系统，再由协同交换系统同步到统一身份管理系统。这种情况下，为保持数据的唯一性，用户及组织的信息在统一身份管理系统中为只读属性，系统不提供对用户及组织的增加、修改、删除功能。在没有权威数据的前提下，统一身份管理系统可以作为权威数据源，可维护用户和组织信息，对外也可以提供用户和组织信息的同步，这时候同步方向恰好是相反的。

② 用户权限及回收服务。

统一身份管理系统在数据初始化时，需要依据权威数据源对用户权限的历史信息进行回收，包括用户、组织、岗位、角色等相关信息。

③ 用户账号及回收服务。

统一身份管理系统完成对用户相关信息的初始化后，需要对各业务系统的用户账号的历史信息进行回收。在回收前各业务系统需要在统一身份管理系统的应用管理模块完成注册和配置，统一身份管理系统会根据业务系统的配置信息与策略自动完成用户与已回收账号的关联。业务系统被统一身份管理系统集成后，为保持数据的唯一性，其用户账号与相关权限信息的维护将转移到统一身份管理系统，业务系统中只保留只读属性。

（5）业务系统。

按数据源划分，业务系统中的数据可分为权威数据和非权威数据。由于统一身份管理系统对用户信息具有全局性和唯一性的要求，因此，只有拥有权威数据的业务系统才可作为数据源。整个数据流转的过程为：拥有权威数据的业务系统同步用户信息给统一身份管理系统，再由统一身份管理系统将用户信息同步给拥有非权威数据的业务系统。除了数据同步接口，各业务系统还可以提供访问接口，方便用户通过访问接口进行访问。

（6）基础资源层。

基础资源层为平台架构的最底层，提供身份相关数据的存储和灾备服务，由企业数据中心统一对外提供服务。数据中心可以实现对访问安全、权限控制、高可用性、高性能等相关的数据安全与性能指标进行规范化处理。

2. 身份关联平台的建设

统一身份平台从业务服务上可分为线下身份治理、线上身份治理、云端身份治理 3 种应用场景，如图 5-2 所示。

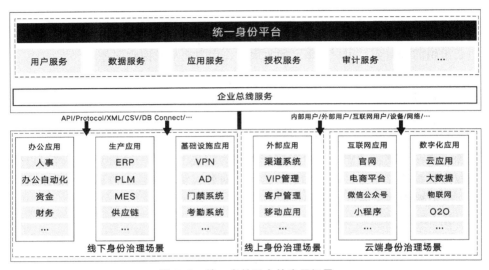

图 5-2　统一身份平台的应用场景

（1）线下身份治理场景。

线下身份治理是指对企业内部业务系统的治理，按应用性分为办公类、生产类、基础设施类。这些业务系统既有商业应用系统，也有企业自己开发的应用系统，通过企业内部业务系统的整合，可以大量降低运维成本，实现身份信息的共享，实现统一身份的管理与审计。

（2）线上身份治理场景。

线上的业务系统部署在互联网上，不仅对企业的内外部员工开放，也对企业的合作伙伴开放，是企业为了满足业务的需要而购买或自己开发并部署在外网的应用系统。这类系统大部分以商业应用系统为主，通过独立部署或租赁的方式为企业提供服务。身份统一有利于打通第三方业务系统的账号信息管理环节，减少账号的安全隐患。实现合作伙伴的身份统一，有利于业务信息的统计与审核及管理规范化。

（3）云端身份治理场景。

云端的业务系统不仅有提供给内外部员工及合作伙伴的系统，也有提供给企业客户的系统。这类系统几乎都是以租赁的方式提供服务，有标准的认证协议和接口模式，身份的统一不仅有企业内外部员工、合作伙伴，还有企业客户。统一身份的实现为企业客户提高了访问的体验，也方便企业对客户的管理与统计，促进企业业务的发展。

统一身份平台的关键是解决各业务系统用户访问身份不统一而引起的相关问题，因此应用访问的身份统一是要构建的关键业务，而在此之前，需要完成身份数据的梳理，这此之后，需要提供审计与报告。

（1）数据梳理。

① 身份数据。

梳理数据的主要目的是确认身份数据，大多数企业都会以人力资源管理系统或活动目录系统作为权威数据来源。为了在概念上不产生混淆，区分主数据的用户信息和各业务系统的用户信息，把各业务系统的用户信息称为账号信息。

身份数据确立后，各业务系统的账号信息需要与权威数据的用户信息建立关联，这里有两种情况。一种是对于能提供数据同步接口的业务系统，需要梳理出关联的匹配规则，如工号、手机号码或自定义属性字段。梳理时可通过数据同步组件实现账号回收预处理以验证数据的合规性，对无法通过规则匹配的孤立账号可通过人工完成与主数据的关联，实现孤立账号的认领，不被认领的孤立账号可作为僵死账号进行删除，确保每个业务系统的账号信息都能与主数据的用户信息实现关联。另一种是对于无法提供数据同步接口的业务系统，可以通过首次访问输入用户名和密码的方式，由统一身份管理系统自动完成账号的映射工作，该业务系统的账号无法在统一身份平台进行申请。

由于历史原因，有些业务系统存在多账号现象，根据业务规则，梳理后的主数据允许实现一对多的关联，由于不是一对一模式，当访问该业务系统时需要提供账号列表给用户选择使用哪个账号进行访问，这在实现单点登录时会出现。

② 合规性验证。

业务系统账号的创建、修改、删除直接与权限相关，所以验证账号相关的权限及接口非常重要，通过验证可以完成关联关系的梳理，大部分业务系统的账号会与组或角色关联，有些也会与组织、岗位存在直接或间接关联。

数据与接口的验证步骤如下：统一身份平台先同步权威数据形成主数据；根据规则，对各业务系统的组织架构和岗位进行回收，完成组织架构与岗位匹配；对各业务系统的组或角色进行回收；对各业务系统的账号回收，无法匹配的孤立账号由人工确认，完成账号与岗位关联、账号与组或角色关联；创建、修改、关联、合并、删除组织和岗位，完成数据同步至各业务系统，验证合规性；创建、修改、关联、删除组或角色、账号，完成数据同步至各业务系统，验证合规性，权限的关联符合各业务系统要求。

（2）应用访问。

应用访问的实现贯穿几乎整个统一身份平台各个组件的实现，包括应用集成、账号回收、用户开通、账号申请、账号同步、密码同步等关键步骤。

① 应用集成。

根据环境调研的结果，对各业务系统进行集成，平台管理员首先对业务系统进行注册，然后配置访问接口和数据同步接口，配置同步策略、密码策略、账号策略，完成审批流程。

② 账号回收。

平台管理员对业务系统完成接口和策略配置后，启用的策略会触发数据同步组件完成组织架构、岗位、组或角色、账号的回收与关联关系的建立，同时根据规则匹配，业务系统的账号也完成了与用户的关联。

③ 用户开通。

新用户的开通有两种方式。一种是通过自助申请模式开通。用户通过填写基础信息递交申请，由身份管理员进行审核，通过后业务系统会根据邮件模板和策略发送邮件通知，其中包含有时效性的令牌链接，申请者通过链接进入自助服务系统完善用户信息，并可以申请业务系统账号。另一种是通过身份管理员填写或批量导入方式完成新用户的创建。系统根据邮件模板和策略发送邮件通知，用户收到邮件后通过邮件里的链接首次登录自助服务系统完成密码的修改，同样也可以申请业务系统账号。

④ 账号申请。

账号的申请一般都附带业务系统功能授权的申请，申请方式同样有两种。一种是通过身份管理员或应用管理员登录统一身份平台进行单个或批量申请。这种申请方式由于风险可控，为提高效率可以不走审批流程，直接完成账号与权限相关信息的同步，实现账号的申请。另一种是用户登录自助服务系统进行账号申请。这种申请方式默认需要走审批流程，应用管理员审批后完成账号与权限相关信息同步到业务系统，实现账号的申请。

⑤ 账号同步。

账号同步根据策略可以分3种模式。一是账号基本信息同步，主要涉及账号基本信息的修改、查询、锁定、解锁、停用、启用。二是账号与权限信息同步，主要涉及为账号申请开通、查询、删除，权限信息查询、增加、修改、删除。这里的权限信息主要是关联信息，包括岗位、组或角色等。三是账号密码同步，主要涉及账号密码修改。

⑥ 密码同步。

密码同步分主从密码同步和不同步。根据策略，各业务系统可以保留原来的密码策略规则，统一身份平台会随机生成符合规则的密码按策略时间进行重置。如果应用的账号密码策略为主从密码同步，则用户密码策略规则会覆盖账号密码策略规则，这时用户密码策略规则的复杂程度必须高于业务系统的账号密码策略规则，否则账号密码重置会失败。主从密码同步后，用户的密码就是账号的密码。

（3）审计与报告。

自助服务系统与统一身份平台上的所有操作都有记录，通过报告可以展现时间段内用户访问的业务系统和开通账号的数量、登录与退出情况、访问的异常与权限过多的风险，有利于潜在风险的评估。

审计与报告包括如下内容。

① 个人账号：列举个人的账号信息。

② 角色账号：列出某特定角色的所有个人账号。

③ 角色规则：显示所有与某特定角色相关的规则（和相关资源）。

④ 个人权限：列出已指派给个人的所有权利和支配个人的指派规则。

⑤ 操作报告：报告分类的操作行为，如增加一个新用户。

⑥ 服务报告：如果提交的操作影响到指派的管理系统，就发送该报告。

⑦ 用户报告：如果提交的操作影响到用户账号，就发送该报告。

⑧ 拒绝报告：如果账号在工作流程中被审批者拒绝，就发送该报告。

⑨ 应用集成：对所管理应用的最近集成操作的结果。

⑩ 休眠报告：列出与所管理资源相关的休眠账号。

⑪ 账号报告：列出人员和相关账号，以及该账号是否遵从当前的规则。

⑫ 审计事件：显示用户行为的审计记录。

审计系统提供支持平台整体安全设计、保留接入接口、根据需求支持强审计和责任认定等功能。

5.1.2 统一认证

在实施统一认证时，其核心技术采用单点登录技术实现统一的安全认证，用户只需进行一次登录，就可以访问所有业务系统。

统一认证平台主要由统一访问管理系统和单点登录系统组成。统一认证平台的主要目标：一是建立单点登录系统，为企业的各个业务系统提供统一的身份认证平台；二是支持包括基于生物识别、动态令牌、数字证书、用户名+密码等多种身份认证方式。

单点登录系统实现了集中的身份认证，如果用户通过了对单点登录系统的登录，系统能够为用户提供自动登录其他业务系统的功能。用户登录单点登录系统，与各业务系统之间采用相应的协议实现互信，提高了业务系统的安全性和普适性。

1. 平台架构

统一认证平台的架构由统一访问入口、统一访问管理、协同交换、API 服务、业务系统、基础资源层等子系统组成，如图 5-3 所示。

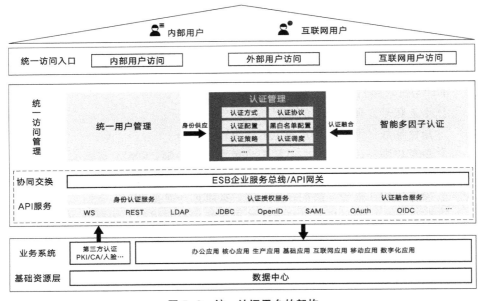

图 5-3　统一认证平台的架构

（1）统一访问入口。

统一认证平台提供统一的访问入口，用户通过统一认证后对各业务系统的访问实现单点登录。根据访问业务的不同，用户被划分为内部、外部、互联网 3 种类型。

（2）统一访问管理。

统一访问管理包含统一用户管理、认证管理、智能多因子认证 3 个组件。其中认证管理是核心，用于管理访问与认证策略配置，实现各业务系统的单点登录功能。

① 统一用户管理。

统一用户管理提供用户与账号等相关的身份信息给认证管理组件。

② 认证管理。

认证管理包含认证方式、认证配置、认证策略、认证协议、黑白名单配置、认证调度等功能，通过一次登录就可以访问有权限的业务系统。

③ 智能多因子认证。

智能多因子认证提供多种认证方式给认证管理组件，包含数字证书、动态令牌、生物识别等。

（3）协同交换。

协同交换主要解决统一访问管理系统与业务系统之间的交互，主要是与认证服务相关的接口适配。

（4）API 服务。

API 服务主要解决不同业务系统的接口适配，根据认证服务的功能不同，提供身份认证服务、认证授权服务、认证融合服务。

① 身份认证服务。

身份认证服务提供各业务系统通过接口实现与统一访问管理系统的互信。对已认证的用户在接口中会传递可信凭证，业务系统信任统一访问管理系统提供的可信凭证而不再对用户身份进行验证，从而实现单点登录。

② 认证授权服务。

认证授权服务提供对其他系统已有认证服务的集成，作为统一访问管理系统的身份信息使用，包括微信、支付宝等广泛被认可的第三方平台，不管用户是否有身份信息都可以直接使用第三方平台的身份信息完成身份认证和单点登录。

③ 认证融合服务。

认证融合服务支持第三方的认证服务与统一访问管理系统的集成，包括数字证书、人脸识别、动态令牌、设备指纹等身份认证服务。

（5）业务系统。

按提供的服务划分，业务系统可分为数字证书、人脸识别、动态令牌、设备指纹等功能性的业务系统和微信、支付宝等服务性的业务系统。功能性的业务系统服务比较单一，通常需要配合服务性的业务系统使用。

（6）基础资源层。

基础资源层为平台架构的最底层，提供认证相关数据的存储和灾备服务，由企业数据中心统一对外提供服务。由于认证服务访问频繁，对性能的要求非常高，数据中心除了具备安全性，还需要综合考虑高可用性、高性能等相关指标。

2. 统一认证平台的建设

统一认证平台从业务服务上分为内部应用认证、移动认证、线上应用认证 3 种应用场景，如图 5-4 所示。3 种场景可以混合也可以独立，统一认证平台提供用户的访问与认证安全。

（1）内部应用认证场景。

对企业内部业务系统的集成包括办公系统、ERP、生产系统等非公网上的业务系统，提供企业内部业务系统接入的规范化。

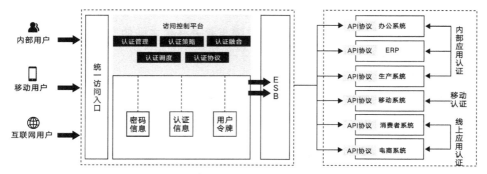

图 5-4　统一认证平台的应用场景

（2）移动认证场景。

由于业务的需要，移动办公越来越受到企业重视，移动认证成为移动设备上业务访问的身份安全保障。身份的识别、认证、授权可以依靠第三方平台完成，可通过认证授权服务进行集成，在安全的前提下提高用户体验。

（3）线上应用认证场景。

如今企业从传统的购买产品模式逐渐转变为云端租赁服务的模式，导致公网上的 SaaS、PaaS 模式下服务与服务之间的交互越来越频繁，接口的授权与访问权限安全需要由身份认证来保障。线上应用认证就是为解决公网上的业务系统身份安全而存在的。

统一认证平台需要建立单点登录系统，为企业的各个业务系统提供统一的身份认证，因此单点登录是要构建的关键业务。与统一身份平台相同，在此之前，需要完成数据梳理，在此之后，需要提供审计与报告。

（1）数据梳理。

统一认证需要达到一次登录后访问其他业务系统不再需要认证的效果，这就需要主数据用户信息的存在，业务系统的账号需要与主数据的用户建立映射关系。

① 身份数据。

统一认证的身份数据（可以不是主数据）主要是为了解决与各业务系统的账号映射问题。这里涉及单点登录的两种模式：一种是完成认证后登录到自助服务系统，通过自助服务系统里的业务系统列表来访问各个业务系统；另一种是直接访问业务系统，业务系统会跳到统一认证中心登录页面，完成认证后可正常访问。两种模式都是一次登录就可以访问所有有授权的业务系统，区别在于前者需要有用户唯一标识；后者没有也可以保持原有系统的访问模式。不管采用哪种模式，各业务系统与账号的映射关系都需要被统一管理，方便实现统一认证。

用户数据确立后，各业务系统的账号需要与用户建立关联，业务系统可以通过首次访问输入用户名和密码的方式，由统一认证系统自动完成账号的映射工作。如果是多个账号，可以在自助服务系统中选择业务系统添加账号后再访问。

② 合规性验证。

需要完成访问接口和数据接口的合规性验证：一是注册应用，配置业务系统单点登录协议与访问接口；二是通过登录自助服务系统选择业务系统进行访问时，验证是否可以添加账号，添加后是否正常，多账号是否可以设立默认账号直接单击业务系统图标访问；三是通过跳转直接访问，完成统一认证后进入业务系统；四是验证用户名和密码、二维码扫描认证、生物特征识别、微信认证等统一认证方式接口是否正常。

（2）单点登录。

在有统一身份平台的情况下，应用集成、用户开通、账号关联、账号回收等功能都可以进行融合，统一认证平台只需认证管理子系统就可以了。为了兼顾不同的场景，以下是在没有统一身份平台的前提下，统一认证平台完成的单点登录步骤。

① 应用集成。

根据环境调研的结果，对不同的业务系统进行集成，平台管理员首先对业务系统进行注册，再配置访问接口和认证策略。

② 用户开通。

新用户的开通有两种方法完成。一种是通过自助申请模式开通。用户通过填写基础信息递交申请，由身份管理员进行审核，通过后业务系统会根据邮件模板和策略发送邮件通知，其中包含有时效性的令牌链接，申请者通过链接进入自助服务系统完善用户信息。另一种是通过身份管理员填写或批量导入方式完成新用户的创建。系统根据邮件模板和策略发送邮件通知，用户收到邮件后通过邮件里的链接首次登录自助服务系统完成密码的修改。

③ 账号关联。

在统一认证系统中，只有用户与账号的映射关系，因此需要有一个轻量级的身份管理系统提供身份信息，它可以没有对账号的管理功能和审批流程。账号的申请还在原来的业务系统中，业务逻辑不需要发生改变。账号开通后，用户与账号的关联动作交给用户来完成，用户登录自助服务系统，选择业务系统添加账号，需要输入用户名和密码来验证用户的合法性。同一个认证系统会根据应用配置的访问接口和认证策略，实现相应的访问协议对接，实现单点登录。

④ 多因子认证。

传统静态口令认证方式给业务系统带来了极大的安全隐患，根据合规性要求，即使使用静态口令，也必须实施口令安全策略，在业务系统中固化口令的长度、复杂度、更新频率等属性的安全要求。但即使这样仍然无法完全规避静态口令的安全隐患。主流的方式是采用指纹识别、动态口令、二维码、手势识别等多因子认证方式实现对用户的认证，从而极大地降低企业业务系统的安全风险。

为加强认证的强度，需要增加认证方式的种类来适应不同业务环境的要求，多因子认证平台可作为独立的业务系统对外提供服务。多因子认证平台的架构如图 5-5 所示。

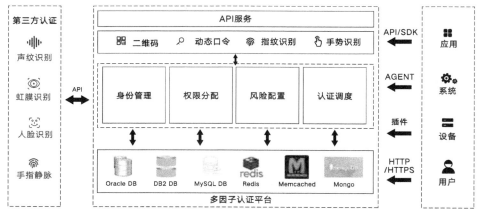

图 5-5　多因子认证平台的架构

多因子认证平台包括身份管理、权限分配、风险配置、认证调度等组件。身份管理的数据需要与权威数据源融合，保持一致；权限分配包括授权用户的认证方式与可访问的资源；风险配置需要实现自适应性的风险阈值，当终端环境风险比较高时，认证的复杂度会提高；认证调度需要实现对重要业务系统或功能的保护，允许二次认证。

⑤ 访问认证。

访问认证可以集成多因子认证平台，加强认证的安全性。一种模式是用户可以直接访问业务系统，业务系统发现没有访问凭证会自动跳转到统一认证平台，由用户提供认证凭证，统一认证平台进行身份验证，验证通过后跳转回业务系统完成单点登录。这种模式实际上用得并不多，原因在于用户还需要记住每个业务系统的 URL，另一方面有些商业应用无法改造，自然就不支持访问跳转。另一种模式比较通用，用户直接访问统一认证平台，通过身份验证后登录自助服务系统，通过自助服务系统访问各个业务系统并实现单点登录，用户只需要记住一个统一认证平台的 URL 即可，不需要业务系统支持跳转功能。

（3）审计与报告。

在用户的访问过程中会产生会话，用户的一次访问就有一个会话，会话具有时效性。在单点登录前会记录所有会话信息并形成报告。

审计与报告的内容如下。

① 用户登录退出：用户对业务系统的访问情况。

② 登录失败：记录用户登录失败的行为。

③ 跳墙安全记录：记录用户跳过统一认证平台试图访问后台系统的安全事件。

④ 账号活动：显示账号的活动。

⑤ 账号操作：显示某个人或多个人请求的账号操作。

⑥ 违规账号：显示违规账号和相关的服务。

附录 A.1 是某大型核电企业的身份和访问控制管理案例，读者可以参考阅读。

5.2 企业关键数据的保护

有数据表明，内部管控的缺失是导致企业数据泄露的重要原因。Gartner 公司连续两年将特权身份管控列为企业信息安全管理的十大项目之一。

本节通过特权身份管控和用户行为分析来加强企业关键数据的保护。

5.2.1 特权身份管控

每个操作系统都有管理员账号，它是权限最大的账号，可以在操作系统上做任何的事情而不受限制，因而管理员账号是一种特权账号。由于存在多人使用特权账号的情况，因此服务在被访问时不经意间就会出现人为的系统异常、数据泄露、病毒入侵风险。

系统异常往往是操作失误引起的，终端在切换测试环境和生产环境时非常容易出现执行命令失误，切换多了就容易产生操作失误，如把在测试机上执行的命令输入到生产机上执行。即便终端不做切换操作，在生产机上的操作也时有失误。这很可能导致生产机出现数据丢失、重启、关闭等严重问题，给企业造成巨大损失。生产机如何在安全的环境下被操作，是各个企业一直关注的问题，其中操作授权可控及提高时效性显得非常重要。

提到数据泄露很容易让人想到是内部员工干的，其实不尽然，在重大诱惑面前，不要去考验人的意志力，要做的是消除隐患，降低犯错误的概率。除了人为因素，如果系统本身已被入侵或隐私数据保护力度不强也会造成数据泄露。加强数据存储和访问安全是最根本的解决方式。

有用户访问时服务器一般只对操作者进行身份验证，没有对终端设备进行验证。也就是说，服务器并不知道操作者在哪个终端上进行操作，有可能是非法终端或终端上有病毒，这对连接的服务器是个很大的威胁，而在身份鉴权环节却无法识别，服务器上的账号密码探测与劫持则是病毒最喜欢做的事情，如何加强账号密码的管理成为企业急需解决的问题。

1. 平台架构

特权账号管理平台的架构由特权管理、统一认证、身份管理、安全审计、集成接口等子系统组成，如图5-6所示。

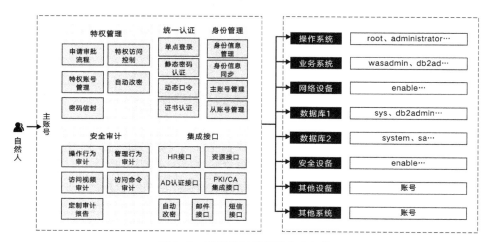

图5-6　特权账号管理平台的架构

（1）特权管理。

特权管理包括申请审批流程、特权访问控制、特权账号管理、自助改密、密码信封等功能。

特权管理需要用到远程登录，以与后端系统建立连接，针对 UNIX 系统，远程登录命令 rlogin 的禁用对于用户通过用户 ID 集中管理工具登录系统没有影响。用户 ID 集中管理工具在用户使用个人账号登录后，使用 root 权限时是通过后台自动使用 su 的方式到 root 账号，并且可以设置 root 使用的时间段，只允许用户在一定时间范围内使用 root 账号进行操作。

考虑到高可用性，需要设置一个单独的普通账号，同时打印此账号密码信封，在极端情况下，如果用户 ID 集中管理工具平台不能使用，可以开启 root 账号密码信封和单独的普通账号密码信封，绕过该平台直接访问系统。

用户如果需要使用特权账号（如 root），需要事先经过特权申请和审批，步骤如下。

① 用户申请使用特权账号。

② 审批人员批准用户的申请。

③ 权限信息写入目录服务。

④ 用户使用个人账号登录用户身份管理平台。

⑤ 查询用户权限，显示用户有权访问的系统，并进行访问控制。用户点击相应的系统，系统自动为用户实现单点登录。

（2）统一认证。

由于实现了单点登录，当用户需要使用特权账号时（如 root），并不知道特权账号的口令，因此无法使用特权账号直接登录后台系统，即用户不能绕过用户身份管理平台，用户必须使用该平台访问系统，形成了实质上的"防跳墙"。

用户在用户身份管理平台中代表一个自然人。系统中提供了两种内建的用户类型，即内部运维人员和外部人员。用户类型是可以扩展的，可以根据实际情况创建自己的用户类型。

账号是指用户在不同资源中的访问凭证，用户通过账号进入相关的资源，用户和账号的关系是 $1:n$，即一个用户可以在不同的系统中有不同的账号，这些账号名称可以和用户名称相同，也可以不相同。

（3）安全审计。

安全审计提供管理、操作的行为审计，访问的命令、视频审计，以及相关的审计报告，如表 5-1 所示。

表 5-1　安全审计的种类

类别	说明
管理行为审计	审计用户账号申请、审批、开通、删除等整个身份生命周期
操作行为审计	审计用户的操作行为，如登录成功、登录失败、修改密码等。以及提供同一账户多次访问授权资源失败的报告等
访问命令审计	审计用户对资源的操作，如 UNIX 命令、数据库操作命令等
访问视频审计	审计用户的图形化操作，如 Windows 窗口操作、图形化界面管理操作等
定制审计报告	输出审计结果，支持 PDF、Excel 等格式

（4）集成接口。

① 人力资源管理系统接口。

实现对用户的身份信息的集中管理，需要从人力资源管理系统和其他信息系统中获取用户身份信息，并要保持与人力资源管理系统中用户信息的一致性，要求提供用户管理集成接口，实现将用户身份信息从各种原始的业务系统中读取出来，并实现数据的同步。

② 资源接口。

要实现统一的安全认证，满足企业多种身份认证的需求，需要提供服务于 B/S 和 C/S 的统一的用户访问认证接口。

为实现安全授权管理的要求，需要提供与各业务系统相连的账号与权限相关的信息同步的接口。

③ 自动改密。

为提高身份信息的安全性，特权账号管理平台会根据密码策略自动定期对用户密码、各业务系统账号的密码进行修改，根据密码同步策略通过自动改密接口完成同步。

④ PKI/CA 集成接口。

为实现集中向 CA 提供签发用户数字证书所需要的用户的基本信息，以及接收 CA 签发证书的状态信息，需要建立与 PKI 的接口。

⑤ 邮件接口。

在统一身份管理下，用户申请开通和使用业务系统需要走流程，审批通过后系统自动完成用户的创建及权限的开通，这需要通过邮件通知用户，同时邮件也是当用户忘记密码需要找回的验证方式之一，因此需要建立与邮件系统的接口。

⑥ 短信接口。

手机短信可以作为一种动态的认证方式，也是用户忘记密码需要找回的验证方式之一，同时是系统业务流程节点审批后的消息通知方式，因此需要建立与手机运营商短信系统的接口。

⑦ AD 认证接口。

作用于 AD 域的桌面用户还存在与 AD 集成的需求，操作系统一旦登录 AD 域就可以访问其他的系统而无须再次登录，因此需要统一认证平台支持 AD 域的 Kerberos 认证方式。

2. 特权账号管理平台的建设

特权账号管理平台通过 API 可实现对操作系统、网络设备、数据库、远程桌面、安全设备的特权账号、普通账号与权限相关信息的管理，实现账号管理与访问的安全。特权账号管理平台的应用范围如图 5-7 所示。

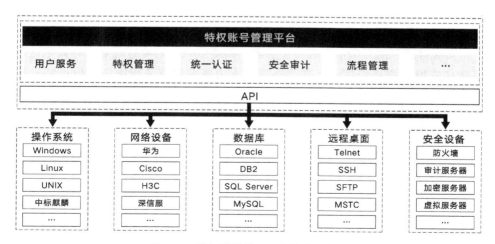

图 5-7　特权账号管理平台的应用范围

要解决特权账号访问引起的问题，就需要实现账号密码的管理与监控，如何实现事前、事中、事后都可控是构建业务的关键。

（1）资源集成。

在访问之前需要完成对操作系统、网络设备、数据库、远程桌面、安全设备等业务系统的集成与账号回收工作。集成需要配置访问地址、访问协议、账号密码同步接口，账号的回收、账号密码的同步需要管理员权限，因此需要根据业务情况设置管理员账号或数字证书。这里的管理员账号为方便管理需要和特权账号分开，从安全性上考虑，数字证书的方式更不受修改密码的影响。

（2）访问与控制。

根据特权账号的访问生命周期，可将访问与控制策略分为事前控制策略、事中控制策略、事后审计策略。

① 事前控制策略。

针对访问前的策略有身份认证、访问授权、限制来源、访问时间限制、访问会同等，用来验证用户身份的合法性和适用范围。

② 事中控制策略。

特权账号实际上是一个共享账号，使用特权账号前需要进行申请，审批通过后才可以访问，访问前受事前控制策略限制。针对访问期间的策略有命令阻断、会话空闲时间控制、实时监控、中断会话，用来保障访问期间对异常的处理，降低访问风险。

③ 事后审计策略。

针对事后的策略有命令告警、操作回放、命令检索、定位回放等，通过收集操作的日志和访问期间执行命令的结果提供审计，形成审计报告。

（3）密码管理。

除特权账号申请与访问外，日常经常需要维护的就是密码了，密码管理包含自助服务、重置密码、同步密码、密码强度、密码信封、密码策略、权限授权等功能。

① 自助服务。通过自助服务功能自行修改账号密码，此种方式是用户自己指定密码，修改成功后账号统一将其指定为密码。

② 重置密码。通过重置密码功能将人员的账号密码修改为系统随机密码。此随机密码可为指定密码、统一的随机密码、互异的随机密码。随机密码根据预先定义好的密码规则生成。

③ 同步密码。通过同步密码功能可针对某单一的账号或同一类型的账号进行密码修改或重置。

④ 密码强度。通过密码强度功能可自定义密码的长度、复杂度等。

⑤ 密码信封。通过密码信封功能可以对已经修改或重置成功的账号密码进

行密码信封打印。密码信封可包括如下信息：账号类型、服务器地址、账号编码、账号名称、账号密码、修改人、修改日期。

⑥ 密码策略。通过密码策略功能可以设定间隔时期，定期修改账号密码。

⑦ 权限授权。通过权限授权功能可以对不同的人员授予不同的角色，可以限定不同的用户进行不同权限的操作。

（4）健康检查。

健康检查是日常运维的一部分，特权账号管理平台不仅管理特权账号，而且对平台本身的安全有着严格的要求。一是对设备的检查，通过检查设备的相关协议和端口、访问的测试结果评估设备的安全性，避免有问题的设备扩大影响；二是访问凭证检查，重点是对密码的登录链路检查，验证凭证的合法性和唯一性，避免密码被非法修改或系统重置密码失败；三是访问权限检查，保持权限有效性，对异常结果进行报警处理。不同类型的健康检查如表 5-2 所示。

表 5-2　不同类型的健康检查

设备	访问凭证	访问权限
① 检查设备 SSH 或 RDP 协议连通性 ② 对检查异常结果报警处理	① 基于账号密码登录链路检查 ② 基于密码一致性检查 ③ 基于密钥的链路检查 ④ 对检查异常结果报警处理	① 校验相关文件一致性 ② 对不一致的结果进行比对分析 ③ 对检查异常结果报警处理

5.2.2　用户行为分析

2017 年 10 月，Gartner 公司发布了 UEBA 的新市场指南。这是 UBA（User Bahavior Analysis，用户行为分析）中第一次出现 E（Entity，实体）。要理解这额外的字母，需要回顾一下 UBA 的定义。UBA 主要专注于安全（数据盗窃）和欺诈（使用被盗信息）技术。然而，随着数据盗窃事件的增长，安全技术市场也在增长。因此，Gartner 公司得出的结论是，其成长和成熟需要与欺诈检测技术截然不同。

根据 Gartner 公司的说法，将 UBA 重命名为 UEBA 的原因有：一是认识到除用户外的实体经常被分析以更准确地查明威胁，部分是通过将这些实体的行为与用户行为相关联；二是 UEBA 软件将用户活动与其他实体相关联，如托管和非托管端点、应用程序（包括云端、移动端和本地应用程序）、网络及外部威胁；三是通过使用 UEBA，可以防御进入边界的外部威胁，以及已经存在的内部威胁，做到从内到外地保护数据。

UEBA 比 UBA 更强调使用大数据和机器学习技术将用户和实体的正常活动与异常活动区分开来，应用于需要更精细分析和收集更多上下文的用例，包括恶意内部人员、APT 组织利用零时差漏洞、涉及新渠道的数据泄露、用户账号访问监控等。

1. 系统架构

用户行为分析平台由应用层、安全智能层、技术支持层、基础设施层组成。用户行为数据通过采集进入平台，通过安全智能层进行清洗、分析、挖掘、模型匹配后，再到应用层进行风险识别、安全分析、风险响应等，构建自适应安全保障体系，消除因实体原因导致的风险。用户行为分析平台的架构如图 5-8 所示。

图 5-8　用户行为分析平台的架构

2. 用户行为分析平台的建设

用户行为分析平台包括行为和情景数据、风险模型、执行策略三部分，如图 5-9 所示。行为和情景数据是数据采集来源，可以是用户、机器的访问所产生的日志或行为模式形成的数据。通过机器学习会形成 6 种控制模型，分别为业务风险控制模型、离线风险控制模型、实时风险控制模型、攻击检测控制模型、用户行为控制模型、数据合规控制模型。通过控制模型实现自适应访问控制，执行策略，完成各种实体行为的控制。

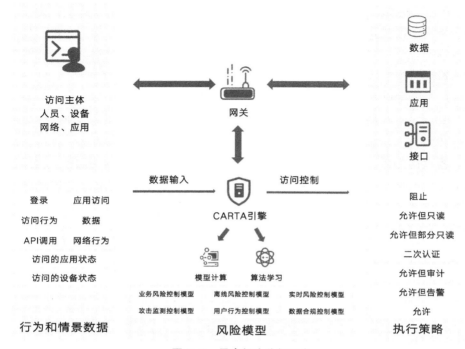

图 5-9 用户行为分析平台

用户行为分析需要多个环节才能实现风险识别与评估，如图 5-10 所示。首先，收集实体行为产生的日志数据，对数据进行清洗、转换、匹配；然后，对已经处理过的数据进行用户习惯分析、环境风险分析、时间风险分析、威胁情报分析、设备风险分析、异常风险分析；最后，进行建模、规则匹配、深度挖掘、风险评估。

（1）数据采集。

基于原始 Windows 事件日志进行安全分析是非常困难的。将系统日志中的相关事件关联起来是一个复杂（并且可能容易出错）的过程。最重要的是，它是资源密集型的。

实体行为警报可捕获潜在数据泄露的每个阶段的可疑活动，从最初的探测到数据泄露。

以下是构建威胁模型的数据采集。

① 异常行为：访问敏感数据，可能表示未经授权尝试访问敏感数据。将用户的行为与其行为档案进行比较，并在发现偏差时发出警报。

② 异常服务行为：访问非典型邮箱，可能表示未经授权的用户企图利用服务特权来访问数据。将用户的行为与其行为档案进行比较，并在发现偏差时发出警报。

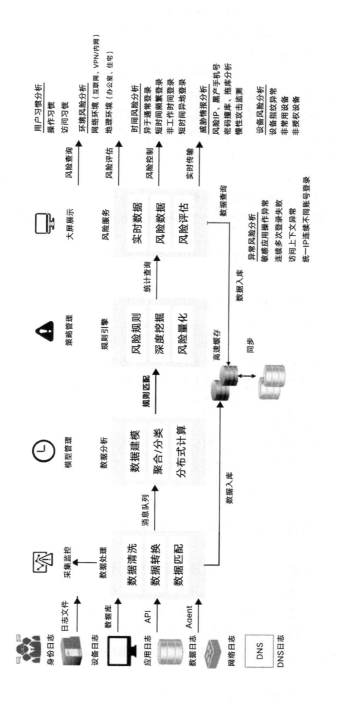

图 5-10　用户行为分析过程

③ 加密入侵活动：可能表示存在勒索软件。

④ 可疑访问活动：非管理员访问包含凭证的文件，可能表示未经授权的用户尝试提取凭证或拒绝访问系统。

⑤ 修改授权：可能表示通过更改策略或使用特权组来获得访问权限的未授权尝试，也可能表示试图拒绝用户访问系统。

⑥ 检测到漏洞利用工具：可能表示尝试安装或使用已知的黑客工具。

⑦ 组员变更：可能表示未经授权的用户尝试通过特权组获得访问权限或阻止管理员对攻击做出响应，尤其是在已建立的变更控制流程之外进行的尝试。

⑧ 管理或服务账号被禁用或删除：可能表示未经授权的用户企图破坏基础设施、拒绝用户访问系统或进行干扰，尤其是在已建立的变更控制流程之外进行的尝试。

⑨ 可能包含凭证的文件上的多个打开事件：可能表示未经授权的用户尝试提取凭证。

⑩ 检测到侦察工具：可能表示存在未经授权的用户利用侦察工具扫描公司网络或搜索漏洞。

（2）数据分析。

系统从系统日志中收集有关用户和实体正常行为的信息，再应用先进的分析方法来分析数据并建立用户行为模式的基线。然后持续监控实体行为，并将其与相同实体或类似实体的基线行为进行比较。这样分析的目的是检测与正常模式有偏差的任何异常行为或实例。

使用机器学习和统计分析可以了解何时与既定模式存在偏差，显示这些异常中的潜在威胁，还可以汇总报告和日志中的数据，以及分析文件、流和数据包中的数据。

（3）风险评估。

UEBA 并不是要取代早期的监控系统，而是用来补充它们并增强企业的整体安全性。

UEBA 实现的路径是，根据需要的控制模型完成数据的采集、清洗、挖掘等步骤。最后形成的控制模型取决于策略配置，控制模型通过配置与第三方成熟的模型进行集成。当然，前期需要的数据来源也可以与第三方模型集成直接形成控制模型，这样可以大大减少因为需要获取控制模型所需处理数据的时间，及时输出风险评估，完成访问决策，通过控制策略自动实现实体行为的访问权限调整。

风险评估可以按风险的级别进行等级划分，不同的等级根据对业务的不同影响进行事先定义，根据用户行为基线的偏离大小可获得风险评估的结果。

5.3　集团内部的互联互通

在集团内部，各个业务板块或子公司之间经常需要进行互联互通，尤其在数字化的大背景下。本节主要对集团内部的互联互通技术——联邦身份管理进行阐述，讲解其如何实现集团内部的无缝连接。

身份联邦是实现单点登录的一种标准方式，但单点登录并不是身份联邦的唯一目的。只要实现了身份联邦，则必然已实现了单点登录，反之则不成立。身份联邦包含了一系列认证、授权、身份治理、统一软件许可证管理、跨域身份同步、字段转换的策略等。在身份联邦中，有一个身份和权限访问的中央处理机制，即身份提供方负责统筹所有业务系统的访问服务。各业务系统不再单独维护独立的账号体系，全部转到统一的登录入口，登录后将用户分发到希望访问的目标业务系统中去。

处理身份和权限管理的核心即为身份提供方，其他的业务服务为服务提供方。在身份联邦中实现的单点登录不再依赖于 Cookie，不限制在特定安全域内，需要统一使用 SAML、OIDC 等标准协议实现跨域（或非跨域）单点登录和退出的能力。

单点登录是用户与客户端之间的互动，身份联邦则需要包含用户之间、用户与服务之间、服务之间的互动。

集团由于历史的原因，有些子公司基于业务需求建立了自己的独立认证中心，这样在集团中存在多认证中心的问题。要实现集团的统一管理又保持各子公司的独立性，就需要在统一身份与认证平台架构上增加两个特性，一个是多租户，解决各子公司业务隔离的问题；另一个是身份联邦，解决多认证中心互信的问题。

5.3.1　系统架构

系统架构根据集团业务复杂程度，一般分成三种情况：第一种是已有认证中心，需要完成身份联邦的标准认证协议接入，原认证中心通过身份联邦允许使用集团的统一身份与认证平台的身份信息进行认证，认证后可访问原业务系统；第二种是没有认证中心，集团与子公司的业务系统各自独立，业务系统的账号信息需要与租户里对应的子公司实现同步，完成统一身份与认证管理；第三种是没有认证中心，业务系统集中管理，集团与子公司的业务系统共享，业务系统的账号信息需要与集团总部实现同步，完成身份联邦认证。集团内部互联互通架构如图 5-11 所示。

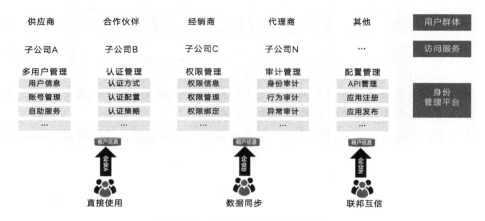

图 5-11　集团内部互联互通架构

5.3.2　互联互通平台的建设

1. 租户管理

集团总部和各子公司需要先完成各自信息的注册，可以拥有自己独立的访问域名、数据库及业务系统。在管理上，集体总部不仅可以看到自己的信息，也可以看到集团下所有子公司的信息，但各子公司只能看到自己的信息，这是分级分权的实现，从功能上集团总部实现了数据逻辑上的聚合。

集团总部可以对各子公司注册的租户信息实行管理，子公司只能维护自己的租户信息，而集团总部可以对各子公司的租户信息进行维护。租户信息的维护状态可以是停用、启用、注销 3 种，只有启用状态下，才能访问统一身份与认证平台。

企业信息注册后，通过企业专有的域名访问，实现身份信息的同步与策略信息的配置。集团总部有完整的组织架构与用户信息的数据，以总部数据为来源，各子公司的组织结构与用户信息自动完成分级同步。根据实际业务的需求，总部可以维护整个集团的组织结构与用户信息，也可以让各子公司维护各自的信息，具体与集团的人力资源集中或分级管理相关。

2. 应用集成

确立完身份信息后，企业需要在统一身份与认证平台接入自己的业务系统，各业务系统需要配置相应的访问协议、数字证书、同步接口等，实现账号的回收与用户信息的管理。对于已有认证中心的系统，原认证中心与统一身份与认证平台需要实现身份联邦，实现身份数据的同步与映射。根据访问方式的不同，可分为两种配置模式。

（1）通过原认证中心访问业务系统。登录原认证中心需要通过统一身份与认证平台认证后才能进入。在这种情况下，原认证中心管理的业务系统不需要在统一身份与认证平台上注册，当业务系统发现没有凭证后会跳转到原认证中心请求登录凭证，原认证中心再跳转到统一身份与认证平台，在统一身份与认证平台完成身份认证后获得访问令牌回到原认证中心，通过访问令牌原认证中心确认访问者的身份，通过验证后实现对业务系统的访问。

（2）通过统一身份与认证平台访问业务系统。被访问的业务系统由于在原认证中心管理，因此还会跳转到原认证中心请求登录凭证，原认证中心再跳转到统一身份与认证平台，由于原认证中心已与统一身份与认证平台实现了身份联邦，原认证中心认可统一身份与认证平台认证通过后颁发的访问令牌，所以业务系统能被正常访问。在这种情况下，原认证中心管理的业务系统需要在统一身份与认证平台事先注册，需要有访问业务系统的 URL。

3. 认证访问

各业务系统集成后，集团总部与各子公司只能访问各自租户里的应用系统。认证访问与正常的统一身份与统一认证的机制相同，不同的是在集团内会存在一个或多个认证中心，多个认证中心之间的认证需要通过身份联邦来完成。集团总部的统一身份与认证平台作为身份提供方，各子公司的认证中心作为服务提供方，通过认证标准协议的集成，实现身份提供方能访问服务提供方集成的业务系统，也能通过服务提供方访问身份提供方集成的业务系统，这对正常访问集体内部的业务系统来说是非常关键的。

第6章 C端的身份和访问控制管理

本章从 C 端的定义入手，介绍 C 端用户的身份和访问控制、政府公共服务的一网通办等内容。

6.1 C 端的定义

C 端是针对 B 端而言的，B 端即 2B（to Bussiness），是面向组织或企业的，B 端产品往往基于某个业务领域，解决客户在办公或经营过程中遇到的问题，体现在简化系统架构、提高服务效率、降低成本、方便企业管理方面；C 端即 2C（to Customer），是面向终端用户或消费者的，C 端产品十分重视用户转化率，对于每个按钮、输入框或配色等都力求极致的优化，追求更高的转化率。

C 端显著的特征是用户众多，而且不同的用户有不同的喜好，在使用体验上有非常高的要求。不同于 B 端用户，C 端用户不仅对前端的人机交互界面有要求，还对服务的请求响应速度有要求，并要求服务具有很强的扩展能力。大量的 C 端用户，需要统一的身份数据存储管理，还需要统一的用户访问控制管理。

6.2 C 端用户的身份和访问控制

C 端系统是指为消费者群体提供服务的应用，大多采用用户名 + 密码的方式实现身份认证。随着网络技术的发展，这种认证方式极易被破解，会带来信息泄露的风险。

多个 C 端系统上线后，用户登录各种系统需要频繁地输入用户名和密码，导致用户体验极差。

多个 C 端系统分别对各自的账号进行审计，使得企业无法掌握整体 C 端系统的使用情况。同时，由于同一个用户可能在不同的 C 端系统拥有不同的账号，这给企业对用户的统计带来困难。

各个 C 端系统发展自己相对独立的身份认证体系，造成单一用户身份的多样性，也给用户带来不便，对后续用户行为分析带来困难。

6.2.1　C 端系统架构

C 端系统架构除了要满足企业内外部员工的业务需求，还需要满足企业消费者的需求。C 端系统作为消费者管理平台，整合了统一认证、身份管理、安全审计、行为分析等子系统，满足消费者身份多样、访问方式多样、用户体验好等方面的要求。C 端系统架构如图 6-1 所示。

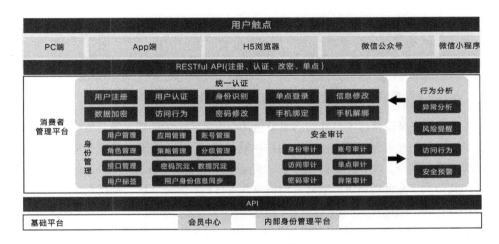

图 6-1　C 端系统架构

1. 用户触点

用户触点是用户访问的媒介，作为 C 端系统的人机交互接口，包括 PC 端、App 端、H5 浏览器、微信公众号、微信小程序等，为消费者提供多种访问资源的方式。这些用户触点可通过 API 的方式完成身份认证，通过行为分析提供安全访问模式。

2. 统一认证

统一认证对外提供所有用户的访问控制、验证访问身份的合法性和有效性等服务，包括用户注册、用户认证、身份识别、单点登录、信息修改、数据加密、访问行为、密码修改、手机绑定、手机解绑等组件。统一认证为用户触点服务，而用户触点只有通过统一认证才能访问后端资源。统一认证提供安全审计与行为分析子系统所需要的信息，以实现用户行为的有效控制。

3. 身份管理

身份管理提供后端资源的接入与认证配置服务，包括用户管理、应用管理、账号管理、角色管理、策略管理、分级管理、接口管理、用户标签、密码沉淀、数据沉淀、用户身份信息同步等组件。身份管理是 C 端系统的核心部分，是企业的用户数据中心。

4. 安全审计

安全审计包括身份审计、账号审计、访问审计、单点审计、密码审计、异常审计等组件，提供各种安全审计报告和数据分析、用户访问行为的安全预测、用户访问行为的追溯等服务。

5. 行为分析

通过用户行为分析，可实现风险提醒和安全预警，包括异常分析、风险提醒、访问行为、安全预警等组件。行为分析需要借助数据分析，通过行为数据学习获得相应的匹配模型，从而实现风险评估，有效阻止非法用户的访问行为。

6.2.2 C 端用户身份管理平台的建设

C 端用户身份管理平台的访问对象包括企业员工、供应商、第三方平台、消费者等，通过平台部署实现企业 C 端用户注册和认证的集中管理，实现企业后端资源的统一协调管理，增强数据的可靠性、安全性和高效性。通过降低各系统间协同操作的复杂度、降低各系统分散管控的风险及实行认证统一管理，提高企业 C 端用户的体验。统一的用户登录以手机号作为身份识别主键，提供多种登录方式，如手机号、邮箱、验证码、二维码、第三方平台等。在多重认证保护下，提供安全认证策略，保证用户便捷的同时加强安全性。在 C 端系统基础架构不变的前提下，各类 C 端系统不需要重复建设用户认证体系，用户身份认证数据与业务数据分离。

通过用户统一的身份认证可以进行多维度的用户画像和大数据分析。C 端统一身份认证应用范围如图 6-2 所示。

1. 身份信息

C 端访问的最大特征是多用户触点访问，用户通过 PC 端、App 端、门户网站、微信公众号、微信小程序等对业务系统进行访问，有些用户没有注册身份信息，可以使用第三方的身份联邦实现在不注册的情况下完成身份认证，大大提高了用户的使用体验，增强了用户黏度。当 C 端系统没有找到访问者的身份信息时，会自动从授权的第三方平台获取基本的用户信息，建立用户信息档案。这个档案不一定完善，用户可以进行修改或增加。对 C 端系统中已存在的用户信息只需要关联身份识别主键（如手机号码）作为身份的唯一标识。用户认证业务流程如图 6-3 所示。

（1）注册。

C 端的身份注册是用户从匿名到实名的过程，也是从普通消费者到会员身

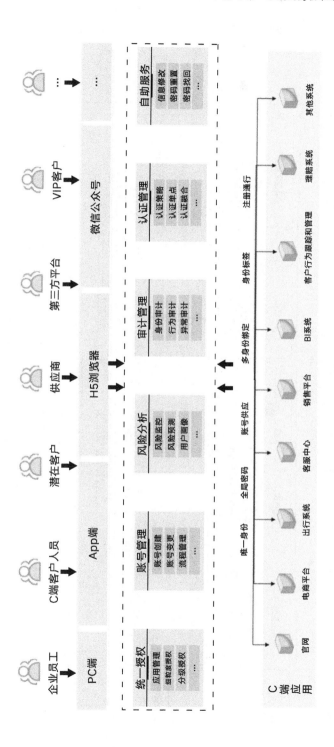

图 6-2　C 端统一身份认证应用范围

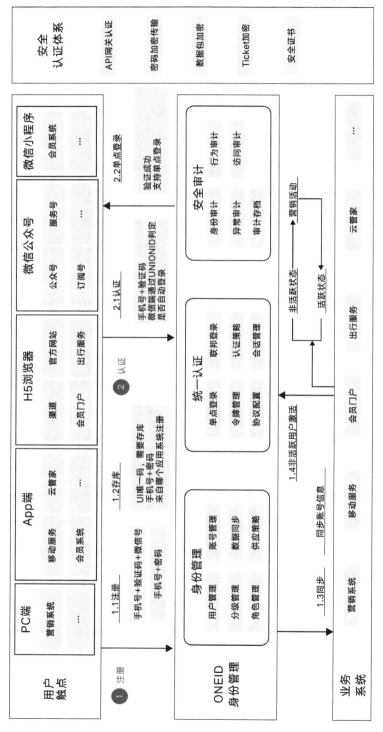

图 6-3　用户认证业务流程

份的转变。通过企业网站、App、微信等消费者可以找到自己感兴趣的资源，这是注册的开始。注册一般分两个阶段：第一个阶段用户还属于游客性质，通过非常简单的方式（如短信验证），C 端系统可获得用户手机号码，实现初步身份识别，也可以通过第三方平台获得用户的基础信息；第二个阶段是通过增值服务吸引用户登录统一身份认证平台完善信息，实现身份的转变。

（2）认证。

C 端的身份认证体现在两个方面：一个是单点登录，对于以个人身份登录的用户可以有多种登录与认证方式；另一个是联邦登录，是以第三方平台的身份信息进行登录，在互联网中，第三方作为身份提供者，C 端系统作为服务提供者实现互信。

为了增强用户的黏度，将其转化为企业会员，都会配置默认策略，允许通过联邦身份认证但还没在 C 端系统注册的用户以游客身份访问部分业务系统，以达到宣传和营销的目的。之后吸引游客完善更多的个人信息，直到申请并成为企业会员。

2. 身份互信

初期为了吸引用户注册一般不会让用户填写太多信息，只需提供手机号码，或直接通过第三方平台进行身份认证。例如，许多网站、App 可以直接用微信、支付宝账号登录。认证通过后系统从第三方平台获取用户信息，这就要求系统与第三方平台建立信任关系，通过 SAML、OIDC、OAuth 等协议实现身份联邦。实现形式有两种：一种是一方为身份提供者，另一方为服务提供者；另一种是双方都是身份提供者，实现身份提供者之间的互信，建立互信后，双方身份提供者颁发的令牌在访问各自的资源时才能实现互认，而不会出现重复认证的问题。

3. 数据分析

数据分析至少有两个方向：一是解决风险隐患，通过风险因素的数据收集与分析，得到风险控制模型，增强业务系统的安全，避免非法侵入与攻击；二是提高用户体验和准确营销，避免营销费用的浪费。

针对提高用户体验和准确营销，需要结合手机定位与 App 互动，了解用户的消费行为与习惯，为企业准确定位目标人群提供参考依据。例如，将商场中所有商铺的业务系统都接入消费者管理平台，当消费者进入商场后，打开商场的 App，登录后就可以在任何一家商铺消费，结合手机定位，即便不消费，也可以看到消费者的行动轨迹（如在哪些商铺驻足、停留的时间等），通过行为分析消费者的兴趣点和喜好。

4. 接口服务

消费者注册成企业会员是为了获得企业的资源服务，这些资源服务与管理系统之间需要有数据同步接口和认证接口。用户注册的身份信息经统一管理形成用户中心,资源服务通过接口从用户中心获取用户身份信息用于访问授权。对于已在资源服务中存在但未经统一管理的用户身份信息,需要进行合法身份的验证并通过关键标识来实现关联,关键标识可以是手机号码、邮箱等唯一信息。

附录 A.2 是某大型汽车制造企业的 C 端用户身份和访问控制管理案例,读者可以参考阅读。

6.3　政府公共服务的一网通办

6.3.1　政策法规

2016 年 9 月 29 日,国务院印发《关于加快推进"互联网 + 政务服务"工作的指导意见》(国发〔2016〕55 号),提出推进"互联网 + 政务服务"。

2017 年 1 月 12 日,国务院办公厅印发《"互联网 + 政务服务"技术体系建设指南的通知》(国办函〔2016〕108 号),指出推进"互联网 + 政务服务"工作是党中央、国务院做出的重大决策部署。

2018 年 7 月 31 日,国务院印发《关于加快推进全国一体化在线政务服务平台建设的指导意见》(国发〔2018〕27 号),指出充分利用各地区各部门已建政务服务平台,整合各类政务服务资源,协同共建,整体联动,不断提升建设集约化、管理规范化、服务便利化水平;基于自然人身份信息、法人单位信息等国家认证资源,建设全国统一身份认证系统,积极稳妥与第三方机构开展网上认证合作,为各地区和国务院有关部门政务服务平台及移动端提供统一身份认证服务。

按照政策法规,要实现公共服务一网通办的目标,至少需要包括以下几个功能组件:CA 支撑平台,解决身份唯一标识与非对称加密问题;云认证平台,解决身份识别和互信问题;电子印章,解决电子签名 / 签章问题;统一身份与认证,解决门户及业务集成统一身份管理与认证问题。

6.3.2　系统架构

统一身份与认证是基础组件,提供各业务系统的集成与单点登录服务。一网通办需要实现统一认证,符合信息安全政策法规规定,保障企业用户、公共用户在使用政务资源过程中用户的隐私和数据安全,解决跨部门、跨组织、跨单位的互联互通,实现不同群体在统一架构下的访问安全和风险管控。一网通办架构如图 6-4 所示。

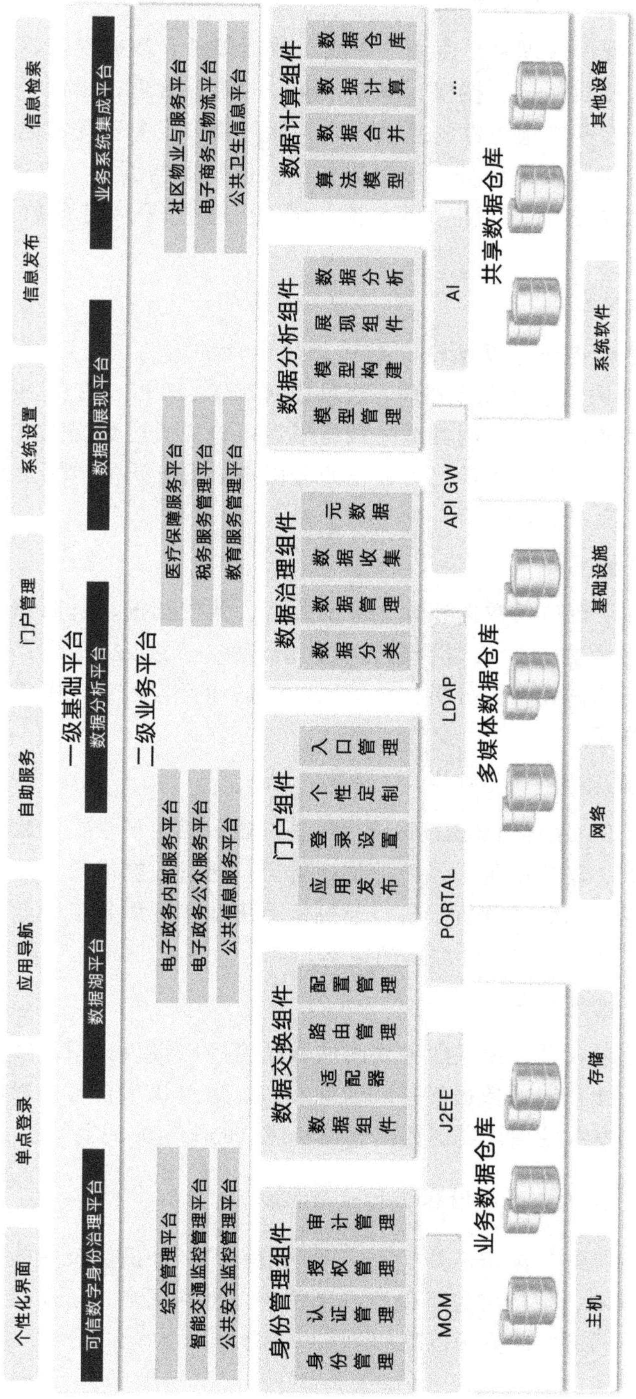
智慧门户
个性化界面
单点登录
应用导航
自助服务
门户管理
系统设置
信息发布
信息检索
一级基础平台
可信数字身份治理平台
数据湖平台
数据分析平台
数据BI展现平台
业务系统集成平台
二级业务平台
综合管理平台
智能交通监控管理平台
公共安全监控管理平台
电子政务内部服务平台
电子政务公众服务平台
公共信息服务平台
医疗保障服务平台
税务服务管理平台
教育服务管理平台
社区物业与服务平台
电子商务与物流平台
公共卫生信息平台
身份管理组件
身份管理
认证管理
授权管理
审计管理
数据交换组件
数据组件
适配器
路由管理
配置管理
门户组件
应用发布
登录设置
个性定制
入口管理
数据治理组件
数据分类
数据管理
数据收集
元数据
数据分析组件
模型管理
模型构建
展现组件
数据分析
数据计算组件
算法模型
数据合并
数据计算
数据仓库
MOM
J2EE
PORTAL
LDAP
API GW
AI
...
业务数据仓库
多媒体数据仓库
共享数据仓库
主机
存储
网络
基础设施
系统软件
其他设备

图 6-4　一网通办架构

1. 可信数字身份治理平台

可信数字身份治理平台由用户中心、数据服务、数据权限、接口服务等功能组件组成，提供认证、授权、审计、身份的统一管理，服务于外网用户、公众用户。该平台是其他组件的基础模块，通过接口服务实现与电子政务、公共信息、医疗保障、税务服务、教育服务、社区物业与服务、电子商务与物流、公共卫生、智能交通、公共安全、综合管理等业务平台进行数据同步与身份认证。

2. 数据湖平台

数据湖平台提供数据清洗、结构化、审计的能力，可以对 Oracle、DB2、MySQL 等的结构化数据进行处理，也可以对 MQ、FTP、IoT 等的半结构化数据进行处理。该平台集成不同类型的数据采集接口，通过数据采集与清洗，实现数据的结构化、分类、审计，为数据的分析提供可分辨的有用信息，用于业务模型构建与风险评估等。

3. 数据分析平台

数据分析平台包括数据沙盒、聚类分析、数据挖掘、机器学习、算法模型等功能组件。数据通过数据沙盒完成数据清洗，再通过机器学习实现算法模型，进行数据挖掘和聚类分析，获得风险评估和行为趋势，用于资源的安全访问与趋势预警等。

4. 数据 BI 展现平台

数据 BI（Business Intelligence，商业智能）展现平台提供数据的组合、多维度分析报表、趋势报告、风险评估报告等，通过数据的聚合和分散，结合数据分析平台提供的数据分析报告，通过策略配置实现满足多种业务需求的数据展现形式，实现报表与审计展现的定制。

5. 业务系统集成平台

业务系统集成平台提供业务之间的数据交换与接口调用，实现各业务接口的统一管理，接口包括数据接口和认证接口。通过该平台可以对不同接口的数据进行聚合和发散处理，实现数据监控和接口的全生命周期管理。

6.3.3 一网通办的身份和访问控制建设

一网通办业务的构建是基于一个用户中心，对外提供统一的数据访问服务及数据访问权限，使用对象不仅有内部用户、外网用户、公众用户，还有各个业务系统。一网通办的应用范围如图 6-5 所示。

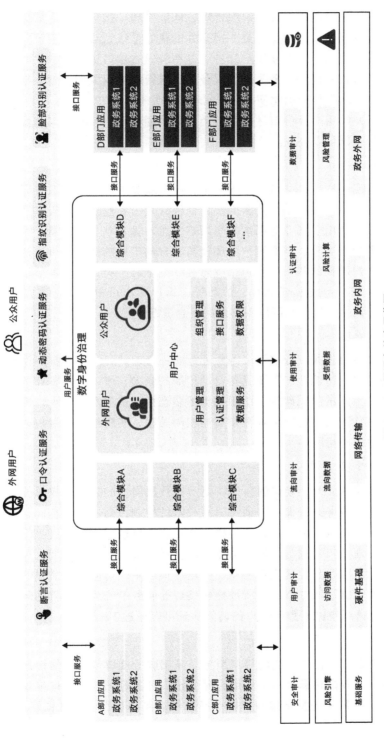

图 6-5　一网通办的应用范围

　　用户中心包括用户管理、组织管理、认证管理、接口服务、数据服务、数据权限等组件模块。用户中心是一网通办的核心系统，对外提供统一的基础身份信息，内外网用户、公众用户和各业务系统通过接口访问用户中心实现数据同步。接口可按不同的业务类型、服务方式进行访问权限的配置，根据业务需求的不同，实现数据的细粒度权限控制和数据隐私的保护。

　　一网通办的用户身份信息主要是个人身份证号码，有些不太重要的业务只需要手机号码就可以办理。

1. 用户管理

　　用户的唯一标识以身份证号码为主，访问或登录可使用手机号码、身份证号码、生物信息识别相结合的多因子认证模式，为各业务系统提供基础身份信息和扩展信息。由于各业务系统共享用户信息，除基础身份信息，不同的业务系统因业务数据需求，需要用户的属性具有自动扩展的能力，可通过配置的模式实现。用户属性的基础信息包括变量名、显示名、类型、长度等，权限信息包括读写、查询、显示或隐藏、访问等，用户中心可根据属性实现细粒度授权。用户的数据查询结果可以用不同的组合进行预置。

2. 组织管理

　　一网通办的业务或行政组织需要进行统一管理。各业务系统以用户中心的组织架构为主，组织架构需要具备自动扩展的能力，可以根据各业务系统的不同需求建立不同的组织架构。组织架构的多态性、扩展性、继承性要求组织定义应非常灵活，通过组织属性可实现与权限关联，实现组织层级授权，以及层级权限的继承与互斥。

3. 认证管理

　　除了访问认证外，接口的认证需要支持数据属性的查询、权限控制。同一个接口被不同业务系统调用，通过属性权限的控制，即便参数相同，返回的数据也不相同。在接口调用时，认证机制会检查接口被调用的合法身份，根据配置的策略认证接口参数与返回的数据字段变量检查合法性。例如，仅通过业务系统认证的访问令牌无法直接使用在数据接口调用的访问中，需要通过业务访问令牌获取数据访问令牌，只有被授权接口的业务系统才能获得访问接口的权限，与各业务系统之间数据接口的访问认证可以通过 JWT 来完成。

4. 接口服务

　　用户中心对外提供不同的接口服务。基础服务接口包括身份信息接口、组织信息接口、权限信息接口等；综合服务接口可通过配置和接口编排实现满足各业务系统所需要的复杂接口。在业务系统需要的数据间存在依赖的情况下，

接口需要预先编排，通过调用流程与条件处理来解决数据间的依赖关系。数据
BI 展现平台提供的接口是多个接口编排的结果。通过编排获得的综合性接口可
以满足复杂报表统计、监控和审计业务需求。

5. 数据服务

为了满足高并发和高响应的需求，数据需要分库分表处理，可以先把用户
信息表垂直切分。将用户名、密码、手机号码等常用字段从用户信息表中拆分
出来，其他字段放在单独的一张表中。然后把用户事件表迁移至其他数据库
中。相比水平切分，垂直切分的代价相对较小，操作起来相对简单。用户核心
信息表由于数据量相对较少，利用数据库缓存机制能够解决性能问题。对于不
同的访问可以利用前后台业务的特性采用不同的方式区别对待。

对于用户侧前台访问，用户可通过用户名或手机号码登录，通过用户身份
ID 查询用户信息。用户侧信息的查询通常是单条数据的查询，可以通过索引来
解决一致性和高可用问题。对于运营侧信息的查询，用户可根据年龄、性别、
登录时间、注册时间等查询，基本上都是批量分页查询。但是由于是内部系
统，查询量低，对一致性要求低。如果用户侧和运营侧的查询采用同一个数据
库，那么运营侧的排序查询会过高占用处理器，导致查询效率下降，影响用户
侧。因此，运营侧使用的数据库可以是和用户侧同样的离线数据库，如果想要
提高运营侧的查询效率，可以采用弹性搜索（Elastic Search，ES）。ES 支持分
片与复制，方便水平切分和扩展。ES 的高可用与高吞吐，能够同时满足用户侧
和运营侧的查询需求。

第7章 物联网的身份和
访问控制管理

本章从物联网的定义入手，介绍了物联网安全架构、物联网的身份和访问控制系统的建设等内容。在物联网的身份和访问控制系统的建设小节对分布式身份、物联网软件开发工具包、物联网网关、API 网关、运营中心等关键组件进行了阐述。

7.1 物联网的定义

物联网（Internet of Things，IoT）是将所有物品通过射频识别等信息传感设备与互联网连接起来，实现智能化识别和管理的网络。

在通用网络安全领域，截至 2019 年 8 月，全国信息安全标准化技术委员会已发布 268 项国家信息安全标准，其中通用的安全标准如风险预警、风险处理、漏洞管理、密码算法、密钥管理、安全评估、等级保护等同样适用于广义的物联网安全。

根据国际数据公司（International Data Corporation，IDC）发布的《2021 年 V1 全球物联网支出指南》中的数据，2020 年全球物联网市场达 6904.7 亿美元，其中中国市场占比 23.6%，预测到 2025 年全球物联网市场将达 1.1 万亿美元，其中中国市场占比将提高到 25.9%，物联网市场规模全球第一。

随着物联网与人们的生活及各行各业的深度融合，物联网呈现出与传统网络不同的特性。首先，物联网终端规模大，且以集群的方式存在，攻击者容易通过暴力破解、发送恶意数据包、利用已知漏洞等方式控制物联网终端，构建僵尸网络，发动分布式拒绝服务攻击，导致网络拥堵、瘫痪、服务中断，且由于终端数量庞大，这种攻击造成的危害会被急剧放大。其次，物联网采集了大量的个人及行业数据，基于大数据、云计算、人工智能等技术深挖数据的价值，为个人和行业提供了高效便捷的服务。数据在物联网时代成了一项重要的资产。最后，采集的数据不可避免地会包含敏感数据（如个人隐私、生产数据、

位置信息等），而敏感数据在收集、传输、存储、处理的各个阶段均有泄露的
安全风险。

7.2　物联网安全架构

身份治理、访问授权、访问审计是物联网数据中心的基础组件，是整个物
联网云端运营中心的核心部分。身份治理包括身份管理、资源管理、策略管
理、数字证书、账号全生命周期管理等几个关键组件，可以直接或间接驱动访
问控制、安全自适应、客体、主体等所有与身份安全与访问安全相关的组件，
涉及的通信协议有高级消息队列协议（Advanced Message Queuing Protocol，
AMQP）、消息队列遥测传输（Message Queuing Telemetry Transport，MQTT）
协议、超文本传输安全协议（Hypertext Transfer Protocol Secure，HTTPS）、机
器对机器（Machine-to-Machine，M2M）协议等。物联网安全架构如图 7-1
所示。

7.2.1　主体

主体包括支持 IP 设备、IoT 设备、IoT 边界网关和弱电设备，可以统称为
终端，要实现对外连接，都需要增加 IoT SDK，主要用于解决身份识别、数据
收集与预处理、连接安全的问题。弱电设备类似传感器，没有操作芯片和内
存，不具有通信能力，需要增加 IoT 边界网关才能对外连接。

7.2.2　访问控制

访问控制由 IoT 网关和 API 网关两部分组成。IoT 网关包括传输安全、身份
安全、数据安全、会话安全、设备策略、协议转换等组件，主要用于解决终端
的连接和数据传输的问题。AIP 网关包括 API 认证、API 监控、API 防护、API
隔离、API 全生命周期管理等组件，主要用于保障后端服务的接口安全与身份、
权限鉴别。

7.2.3　数据中心

数据中心主要由身份治理、访问授权、访问审计三部分组成。数据中心提
供访问策略、数据聚集与消息分发功能，通过安全自适应组件完成数据的采
集、智能分析与决策，获得整个物联网中各组件的安全风险评估及终端画像，
调整策略以消息分发的形式发送给访问控制组件，完成对终端的权限、访问、
数据等的安全管理。

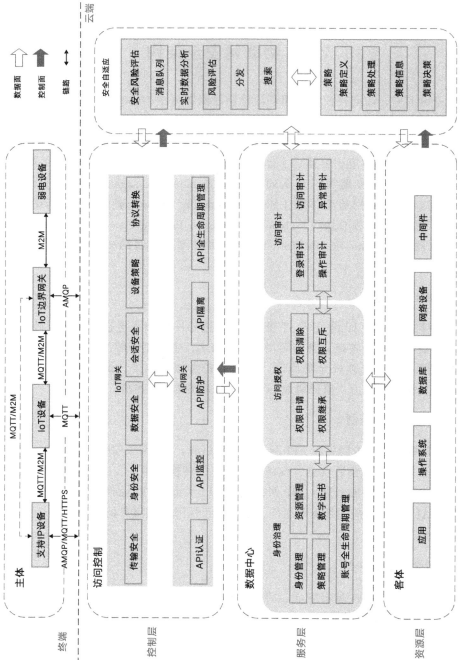

图 7-1 物联网安全架构

7.2.4　安全自适应

为解决身份访问授权的自适应，需要对终端的环境、主体对象、行为轨迹、客体对象进行大数据分析，获取安全风险评估与策略。安全风险评估包括消息队列、实时数据分析、风险评估、分发、搜索等组件，对采集后的数据进行清洗，通过数据建立业务模型，根据历史数据获得未来趋势，评估安全风险。策略包括策略定义、策略处理、策略信息、策略决策等组件，主要用于解决动态授权问题。

7.2.5　客体

客体是指被访问的资源，访问对象是具有身份特征的主体。客体包括应用、操作系统、数据库、网络设备、中间件等，一切可授权管理的软硬件都可以作为客体，提供终端访问。

7.3　物联网的身份和访问控制系统的建设

物联网的身份和访问控制系统主要涉及传输安全、访问控制、身份识别、安全存储，多因子认证等。传输安全除了链路层的加密，还涉及数据在传输过程中的加密方式，目的是降低信息在传输过程中被探测和劫持的风险。访问控制主要解决非授权访问数据和设备的问题。身份识别主要解决设备之间的互信和服务平台的统一身份问题。安全存储主要解决数据的隐私性、完整性和恢复性问题。多因子认证主要解决单一的身份访问凭证风险大的问题。

物联网的身份和访问控制系统的建设包括分布式身份、IoT SDK、IoT 网关、API 网关、运营中心等关键组件，如图 7-2 所示。

7.3.1　分布式身份

分布式身份是以去中心化标识符（Decentralized Identifier，DID）作为唯一的标识。通常一个实体可以拥有多个身份，每个身份被分配唯一的 DID，以及与之关联的非对称密钥。使用 DID 的优势在于：去中心化、避免身份数据被单一的中心化权威机构所控制；基于分布式公钥基础设施，每个终端的身份不是由可信第三方控制，而是由其所有者控制，终端能自主管理自己的身份；身份信息的真实数据可以在终端也可以在第三方，认证的过程不需要依赖提供身份的真实数据而实现可信访问。

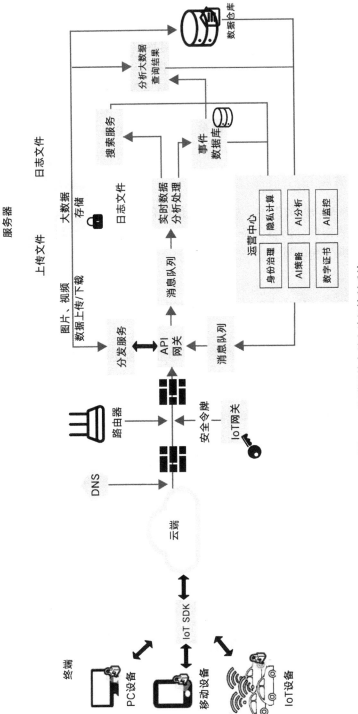

图 7-2 物联网的身份和访问控制系统

1. DID 的定义

DID 是由字符串组成的标识符，用来表示一个数字身份，不需要注册机构就可以实现全球唯一性。在 W3C 发布的《去中心化标识符（1.0 版）》*Decentralized Identifiers (DIDs) v1.0* 中，将 DID 定义为一种新的全球唯一标识符。这种标识符不仅可以用于人，也可以用于其他任何实体对象。DID、DID 文档（DID Document）、可验证数据注册中心（Verifiable Data Registry）是 DID 技术的三要素。

DID 是一种统一资源标识符，是一个不可变的字符串。DID 有两个作用：一是标记任何目标的 DID 对象（DID Subject），可以是任何实体对象，包括人、商品、机器、动物等；二是 DID 通过 DID URL 关联到描述目标对象的 DID 文档，是唯一标识符，而且通过 DID 能够在数据库中搜索到具体的 DID 文档。DID 架构及各基本组件的关系如图 7-3 所示。

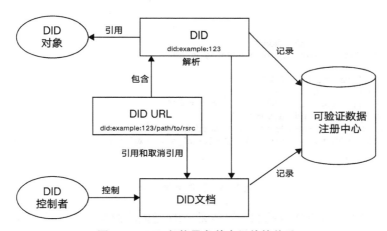

图 7-3　DID 架构及各基本组件的关系

2. DID 的组成结构

DID 由三部分组成：一是 DID 方案标识符；二是 DID 方法标识符；三是 DID 方法中特定的标识符。DID 的组成结构如图 7-4 所示。

图 7-4　DID 的组成结构

3. DID 方法

DID 方法是一组公开的操作标准，定义了 DID 的创建、解析、更新和删除，以及 DID 在身份系统中的注册、替换、轮换、恢复和到期等操作。

4. DID 位置

为整合现有网络位置标识方法，DID 使用 DID URL 表示资源的位置，为了方便与其他基于 Internet 的标识符一起使用，DID 方法特定的标识符通常用 URL 来表示 DID 资源的位置。

5. DID 文档

DID 文档包含所有与 DID 对象有关的信息。DID 文档通常由 DID 控制者负责数据写入和更改，包含与 DID 验证相关的密钥信息和验证方法，提供了一组使 DID 控制者能够证明其对 DID 控制的机制。DID 文档样例如图 7-5 所示。

```
{
  "@context": [
    "https://www.w3.org/ns/did/v1",
    "https://w3id.org/security/suites/ed25519-2020/v1"
  ]
  "id": "did:example:123456789abcdefghi",
  "authentication": [{
    "id": "did:example:123456789abcdefghi#keys-1",
    "type": "Ed25519VerificationKey2020",
    "controller": "did:example:123456789abcdefghi",
    "publicKeyMultibase": "zH3C2AVvLMv6gmMNam3uVAjZpfkcJCwDwnZn6z3wXmqPV"
  }]
}
```

图 7-5 DID 文档样例

管理 DID 文档的 DID 控制者可能是 DID 对象的拥有者，也可能是第三方机构，不同的 DID 方法对 DID 文档的权限管理有所区别。DID 控制者可以根据需要对不同的 DID 文档授权，验证人只能阅读被授权的 DID 文档，而无法获得更多信息，从而实现 DID 对象的信息保护。

DID 文档的组成如图 7-6 所示，其包括两部分。第一部分为标签，是在 DID 文档中可以查询到并可直接阅读的内容，包括三种标签：核心标签（如 ID、控制者、验证、服务等）、扩展标签（如互联网地址等），以及一些没有在 W3C DID 规范注册中心注册的标签。第二部分是没有在 DID 文档中列出，而是借助 URL 等特定形式链接到第三方平台或网站系统可查的相关身份信息。为了确保最优的交互操作性和信息兼容性，W3C 建立了 DID 规范注册中心（DID Specification Registry），保障特定形式的内容在 DID 文档中是可识别和解析的。当有新的标签出现，相关平台或系统需要向 DID 规范注册中心进行登记注册。

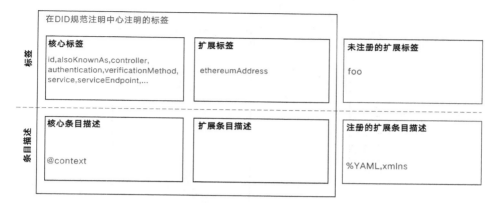

图 7-6　DID 文档的组成

　　不同 DID 之间存在信息交互关系，如图 7-7 所示。在 W3C 中有生产（Production）和消费（Consumption）的概念。创建一个 DID 文档的过程为生产，而将创建的这个 DID 文档引用至该 DID 对象其他 DID 创建过程则是消费。在验证过程中，每个 DID 对应的 DID 文档是独立的，相当于对每个 DID 做了信息隔离。DID 控制者可以根据需要对不同的 DID 授权，验证人只能阅读到被授权的 DID 文档，无法获得更多信息，从而达到对 DID 对象的信息保护目的。

　　在 DID 方案中，每个设备 / 用户可以在不同场景、不同时间，因为不同目的，在任意可信的第三方平台登记不同的 DID，相关权益和资产所有权与不同的 DID 直接绑定，身份主体通过持有 DID 来证明其对资产的所有权或具体权益。DID 没有直接与现实身份生成映射关系，且 DID 信息也是由身份主体或可信的第三方来维护，保证了信息的安全性。

7.3.2　IoT SDK

1. 身份标识

　　为了解决身份 DID 私钥的存储问题，终端可以采用可信平台模块（Trusted Platform Module，TPM）与非对称密码算法，增加 IoT SDK 来完成交互。每个终端都有自己的 DID，终端实体（End Entity，EE）通过云端服务平台的公钥来加密数据，保障了数据的安全性，而 EE 的注册则保证了身份的可识别性。

　　TPM 由存储根密钥对（Storage Root Key，SRK）、平台配置寄存器（Platform Configuration Register，PCR）、背书密钥对（Endorsement Key，EK）组成。TPM 解决了加解密数据只能在 TPM 内进行，避免了外部的恶意探测和拦截，保障了设备的安全性。

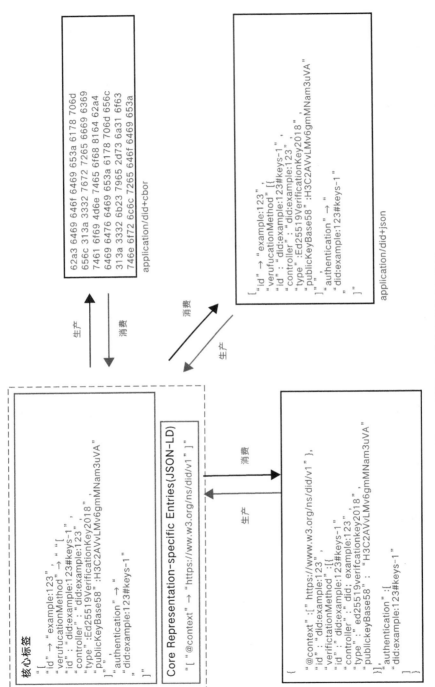

图 7-7 不同 DID 之间的信息交互关系

SRK 用公钥对 EE 的 DID 私钥加密，可以防泄露；PCR 增加的配置参数可以防篡改；EK（存放私钥在 TPM 中）不提供对外访问，可以防盗用。

IoT SDK 通过与 TPM 交互，完成终端实体的 DID 文档注册，如图 7-8 所示。注册后终端不仅拥有唯一的 DID，而且获得了服务平台证书，为设备的通信安全、数据安全访问提供了保障。

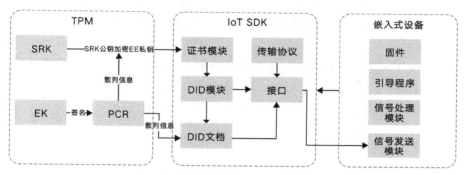

图 7-8　终端实体的 DID 文档注册过程

（1）终端实体获取 PKI 根证书和云端服务平台的公钥。

（2）终端实体通过 IoT SDK 生成公私密钥对，终端实体私钥用 TPM 的 PCR 散列值和 TPM 的公钥进行加密存储。

（3）终端实体将 DID 文档发送给云端服务平台，云端服务平台按照 DID 文档的 JSON-LD 数据结构写入相关信息，同时加入云端服务平台的数字签名，完成注册。

（4）云端服务平台实时同步 DID 文档的访问权限到终端实体，可直接通过 MQTT、M2M 通信协议实现交互，完成端到端之间的认证访问。

2. 数据传输

解决可信的链路和数据传输问题，采用非对称密码算法。每个终端都有自己的数字证书并在云端服务平台进行了注册，要实现相互访问只要云端服务平台授权，即可通过安全令牌实现单点登录。在无法连接云端服务平台的情况下也可以实现安全通信。终端 A 与终端 B 通信时，用终端 B 的公钥对数据进行加密，终端 B 用自己的私钥进行解密；同样，终端 B 用终端 A 的公钥对数据进行加密，终端 A 用自己的私钥进行解密。而链路层使用传输层安全协议（Transport Layer Security，TLS）保障不被窃听，非对称密码加解密保障数据不被窃取和篡改。

终端与云端服务平台之间的通信同样通过证书的加解密来完成，当访问 API 时则需要携带有时效和权限的安全令牌（即访问令牌），采用 OIDC 协议进行通信的步骤如下。

（1）终端用 TPM 中的 SRK 私钥解密终端私钥，对 DID 进行签名。

（2）终端用云端服务平台的公钥加密终端证书、签名的 DID。

（3）云端服务平台用私钥解密终端证书、签名的 DID，并根据终端证书对签名的 DID 进行验证，实现从云端服务平台获取对应的 DID 文档。

（4）云端服务平台验证通过后返回 DID 文档给 IoT 网关。

（5）IoT 网关用 DID 的公钥对随机数和网关信息加密返回给终端。

（6）终端用 DID 私钥解密密文，根据网关信息发送解密后的随机数和 DID 给 IoT 网关。

（7）IoT 网关验证收到的解密后的随机数和 DID，验证通过后生成访问令牌给终端。

（8）终端携带访问令牌同步用终端证书加密的数据。

7.3.3 IoT 网关

1. 协议服务

IoT 网关对外提供 AMQP、MQTT、HTTPS 等多种通信协议。由于物联网中终端设备的请求交互比较频繁，请求 / 回答（Request/Response）模式已不再合适，取而代之的是发布 / 订阅（Publish/Subscribe）模式，因此采用二进制消息的发布 / 订阅模式的 MQTT 协议更加合适。MQTT 协议构建于 TCP/IP 之上，作为一种低开销、低带宽占用的即时通信协议，其最大的优点在于，可以极少的代码和有限的带宽为连接远程设备提供实时可靠的消息服务。

2. DID 识别

一个 IoT 网关对应多个终端，终端访问云端服务平台需要向 IoT 网关提供 DID。IoT 网关根据 DID 从云端服务平台获取 DID 文档，并获得终端的公钥对随机数和网关信息进行加密。把加密的密文发送给终端，终端用自己的私钥进行解密，把解密后的文本和 DID 发送给 IoT 网关。IoT 网关验证解密后文本的合法性，验证通过后 IoT 网关会生成访问令牌，并通过 API 网关与云端服务平台建立加密隧道，终端才可以访问云端服务平台。

7.3.4 API 网关

1. 接口编排

API 网关解决接口的访问身份、权限、编排的问题，提供对后端服务接口与数据传输的安全保护，也提供访问行为的数据采集，以及策略处理组件所需决策报文的处理。

接口编排是为解决复杂业务而存在的，当单个接口无法满足业务请求时，需要通过其他接口的综合处理获得结果。对于请求来说接口只有一个，而云端服务平台涉及的接口可以有多个。

2. 访问控制

API 网关与 IoT 网关根据业务需求既可以集中部署，也可以分开部署。在分开部署的情况下，一个 API 网关可以对应多个 IoT 网关，API 网关主要对所有调用 API 的访问进行身份合法性检查。在集中部署的情况下，API 网关具有决策信息的区分和组建报文的功能，经过信息过滤后交给策略处理组件进行决策，实现终端访问权限的动态化。

7.3.5 运营中心

1. 身份治理

身份治理的基础建设部分在第 3 章已经涉及，在物联网中也同样适合，区别在于物联网的设备之间还存在相互通信，身份是分布式的。物联网的身份和访问控制是一种混合的身份管理架构模式，对设备和用户提供统一身份管理与认证，不仅需要对 IoT 设备进行标识，还需要对设备进行数据采集、分析、评估，以保障设备身份和访问的权限最小化。如果存在用户通过设备访问后端资源，还需要在认证设备的同时完成用户的认证，实现网络和业务的安全统一，避免匿名访问。

对于新设备需要进行注册。当设备第一次启动会连接云端服务平台完成设备身份的唯一标识，根据设备提供的信息生成 DID 来实现。云端服务平台会有设备的证书公私钥信息，并保留设备的证书公钥，方便后续访问的链路加密和数据签名。

设备向云端服务平台提供自己准备的 DID，云端服务平台按照 DID 文档的 JSON-LD 数据结构写入相关信息（包括但不限于 ID、类型、有效期、控制者、验证方法），同时加入云端服务平台的数字签名。DID 文档存储在云端服务平台，但 DID 并没有泄露设备的身份特征，没有映射现实环境的其他身份证明，这个 DID 只是设备持有的众多 DID 中的一个。只要设备不出示 DID 证明，就没有人知道这个 DID 文档是属于这个设备的，从而保护了该设备的隐私信息。

验证的主要目的是证明目标主体可以合规或有权限地进行某项程序。在 W3C 发布的《去中心化标识符（1.0 版）》中，对验证目的进行了梳理，可分为 5 类，分别是验证、申明、重要协议、性能调用和性能授权。根据 5 种不同目的，在 DID 方法中可以设计不同的方案。验证信息的来源分为两类：一类是 DID 文档中列举的数据；另一类是需要借助外部系统或平台的数据，对于格式 W3C 做了要求，以方便解析和识别。

2. 数据处理

信息系统中数据自身的安全是整个系统安全的基础，在身份治理中必须确保以下方面的数据安全。

（1）密钥的安全。

① 密钥种类。需要安全保护的密钥包括各种服务组件/设备私钥（如身份认证组件、PMI 组件、TPM 组件）、所有客户端/设备的私钥。

② 安全生成。应符合国家密码管理局的要求，签名和加密私钥的生成必须在密码机中产生，系统中涉及的设备私钥由密码机生成，客户端的私钥由安全客户端设备 TPM 组件生成。

③ 安全存储。应符合国家密码管理局的要求，私钥不能以明文形式存储。

④ 安全应用。应符合国家密码管理局的要求，对私钥的运算必须在密码机中进行，私钥不能以任何明文形式离开密码机。在系统中所有对私钥的运算都在密码机和 TPM 中进行。

（2）授权信息的安全。

① 安全存储。在用户身份与访问控制系统中授权信息的安全关系整个系统的可靠性，关系所连接的信息系统的安全。对授权信息的管理必须做到真实可信。系统采用 PMI 密码技术对存储的授权信息进行保护，实现其完整性、真实性和抗抵赖性。

② 安全应用。在使用授权信息时，必须验证授权信息是否完整和可信。系统提供多种方式实现对授权信息的验证，包括定期验证、随机验证和使用时实时验证。

第8章 云计算下的身份和访问控制管理

美国国家标准与技术研究院对云计算的定义为，云计算是一种按使用量付费的模式，用户可通过其提供的可用的、便捷的、按需的网络访问，进入可配置的计算资源共享池（资源包括网络、服务器、存储空间、应用软件、各种服务等），这些资源能够被快速提供，同时实现管理成本和与服务供应商交互的最小化。云计算有五大基本特征、三种服务模式和三大部署方式。

五大基本特征包括广泛网络接入、快速弹性伸缩、计费服务、按需自助服务、资源池化共享。

三种服务模式包括基础设施即服务（Infrastructure as a Service，IaaS）、平台即服务（Platform as a Service，PaaS）、软件即服务（Software as a Service，SaaS）。

三大部署方式包括公有云、私有云、混合云。

本章从 SaaS、IaaS 和云原生三个维度介绍身份和访问控制管理与其结合的过程和架构。

8.1 云计算的身份

云计算技术的发展促进了在线访问云服务的普及。人们通过云服务可以随时随地访问个人文档、照片、消费记录，甚至银行账号、医疗记录等敏感信息；企业借助云服务丰富的资源、强大的计算能力和快速可扩展的特性，将数据计算和存储服务外包给云服务提供商。不同安全级别的数据和服务充斥于云端，云端资源的访问及其安全问题成为关注的焦点。为了保障云端资源的安全性，云服务必须能够鉴别访问者的身份，保障资源被使用的合法性。

8.2 SaaS 的身份和访问控制管理

在 SaaS 兴起后，越来越多的企业开始使用 SaaS，如 ERP、CRM、信息运维系统。每套系统都有自己独立的账号体系，企业的信息技术管理员需要维护每个员工在不同系统之间的账号信息和权限信息，需要进行日志审计和授权管理，还需要维护复杂的账号密码体系，这时就需要使用 IDaaS（Identity as a Service，身份即服务）。IDaas 能用一个账号打通所有的 SaaS 系统，实现单点登录、账号授权、权限控制、账号认证、操作审计，甚至流量监测、安全威胁监测等。

8.2.1 IDaaS 的定义

云计算与移动技术快速兴起后，企业的信息环境越来越复杂，网络边界正在模糊，使用应用系统的用户身份边界也无法唯一地确定，因此亟需一个基于云的统一身份管理平台。IDaaS 是在移动办公、SaaS、PaaS 逐步兴起并大规模应用后的必然产物。

IDaaS 可以理解为 SaaS+IAM 的云身份认证服务平台，企用用户的范围已经超越了组织机构的边界，客户、供应商、经销商及其他组织机构外的人也可以访问企业应用。分配和管理这些用户的访问不会一直同内部目录或人力资源流程关联。传统身份认证和访问控制管理系统非常复杂而且昂贵，但是 IDaaS 为身份认证带来了成本优势。和身份认证相关联的双因子身份认证，以及合并移动设备的身份管理也非常耗时，因此，将这些认证服务转移给云服务提供商是个不错的选择。

Gartner 公司给 IDaaS 的定义是管理、账号配置、认证与授权、报告等功能的结合。基于云端的 IAM 能够同时管理 SaaS 应用和企业内部应用。

Gartner 公司指出，IAM 云安全服务的主要增长动力来自中小企业日益增长的需求，包括扩展基础 IAM 功能，为越来越多的访问 SaaS 应用和企业内部 Web 应用的员工提供服务。越来越多的中小企业开始部署 IDaaS 云服务取代原来内部部署的 IAM 工具，而大企业则倾向以混合云和内部部署共存的方式使用 IAM。

Gartner 公司认为，IDaaS 的核心能力包括：身份治理和管理，为用户提供云应用和密码重置功能；标准的用户身份验证、单点登录和授权，支持标准的联邦认证协议（如 SAML、OIDC 等）；身份访问日志监视和报告。

8.2.2　IDaaS 需要具备的能力

IDaaS 的一个主要优势是节约成本。使用诸如微软活动目录之类的软件在企业本地部署可能会带来高昂的成本。企业的信息技术团队必须维护服务器，购买、升级和安装软件，定期备份数据，支付托管费，确保网络安全，设置 VPN 等。有了 IDaaS，订阅费和管理工作的成本会大幅度降低。

除了节省开支，IDaaS 的优点还有改进的网络安全和节约时间，登录速度更快，密码重置次数更少。无论用户是通过机场的开放 Wi-Fi 登录，还是在办公室登录，整个过程都是无缝和安全的。安全性的提高可以防止公司遭受黑客攻击，应对企业未来业务快速增长而对 IAM 服务需求极速增加，以及各种系统安全事件。

以身份管理系统为中心，结合可信终端、安全代理、细粒度授权等相关组件建设一个安全高效的整体企业数字化平台，需在传统 IAM 功能的基础上新增以下功能。

1. 持续自适应风险和信任评估

一致的持续自适应风险和信任评估方法；持续评估用户身份生命周期内的风险，并结合 API 认证及多因子认证来要求用户进行二次认证或多次认证，从而达到降低用户风险的目的；在进行高价值数据、服务、API 操作时根据实时的风险监测结合多因子认证系统让访问主体重新出示身份或采用更高安全等级的身份验证方式，来规避主动或被动的风险攻击，从而保护客户的系统安全、网络安全及数据安全。

2. 云访问安全代理

云访问安全代理（Cloud Access Security Broker，CASB）是一种工具，用于监测和管理云应用与用户之间的流量，可以帮助保护云环境。CASB 包括可视化、合规性、数据安全和威胁防护这"四个支柱。""访问"是 CASB 中最重要的一环，CASB 产品可以提供威胁防护，加强云端数据应用的访问和身份认证控制。在许多情况下，CASB 通过和现有的 IDaaS 进行交互，可以监视业务活动并执行规则。CASB 的优势之一是具备与现有的安全基础结构集成的能力。

3. 统一端点管理

统一端点管理（Unified Endpoint Management，UEM）可管理任何端点的整个生命周期，端点系统类型包括：移动（如 Android、iOS）、桌面（如 Windows 10、Mac OS、Chrome OS）、强固型设备甚至 IoT（如 Linux 和其他）；并且可以收集终端硬件、操作系统、应用、数据、行为等的信息进行终端安全评估。

4. 细粒度授权

细粒度授权是定义控制主体访问客体的策略。客体包括单个资源、资源组、用户账号和资源目录;主体包括授权给用户、组、组织、角色和岗位,通过定义策略控制其访问准入、数据获取能力;策略包括建立角色互斥模型。

5. 统一会话管理

会话和令牌遵循统一注销和重新验证的控制策略,动态控制用户已认证的会话;根据持续风险评估引擎对已经生成的令牌进行风险等级调整,根据用户上下文及历史数据进行风险计算以阻止高风险行为。

6. 社交媒体身份整合

社交媒体身份整合管理客户数字身份,用户身份来源于多渠道网站(Web、移动、IoT)上;并且可以整合不同社交媒体不同身份信息,对多来源身份进行清洗合并,并管理用户身份画像及标签;需要对虚假账号进行识别,因为用户来源是未知的(注册前)并可能创建多个虚假账号,不能假定身份。

7. API 的认证和授权

在零信任架构中所有面向访问主体的服务、API 都必须经过可信代理进行统一管理,在访问代理中依托 API 技术对访问客体的访问请求进行统一的认证和授权,并结合风险评估引擎对 API 基本的访问进行风险动态控制,还可以结合细粒度授权能力对访问的 API 进行控制。

8.2.3 IDaaS 的应用场景

IDaaS 面对不同类型的用户有不同的特点,下面从面向消费者、面向雇员、面向供应商、面向物联网 4 个场景进行介绍。

1. 面向消费者的身份认证

面向消费者的身份认证为消费者的应用提供 IDaaS 服务,具有以下特点。

(1)高吞吐量和高性能。用户量巨大,达千万级甚至亿级用户数;身份提供者对于系统吞吐量和性能有极高的要求。

(2)用户自注册。用户注册简单,只要提供很少的用户数据即可注册成功。便捷的注册操作对于初期引流有至关重要的作用。

(3)安全简单的登录。用户登录操作便利,提供丰富的身份认证方式,如人脸识别、指纹识别、声纹识别、短信验证码等。安全且便捷的认证方式能够增强用户体验和安全保护。

(4)社交集成。与互联网服务深度集成,提供互联网头部应用作为第三方认证，如微信、QQ、支付宝、淘宝、微博等，与微信小程序、钉钉小程序等应用无缝集成。

（5）风险识别与控制。能够进行用户重复注册智能识别、低频攻击识别、有效用户智能识别，以防止用户系统被非法入侵和非法访问。

（6）唯一 ID。同一个用户可以存在于不同的应用中，并能提供用户关联功能，通过唯一 ID 标识一个用户主体在不同应用中的不同账号属性。

（7）用户行为分析。具有用户操作行为的海量数据审计能力，基于大数据下的用户行为分析能力。

（8）高可用。保证 7×24 小时的可用；可以应对促销、秒杀、出现突发事件时登录操作的暴增，需要秒级的服务快速扩充；支持灰度发布，缓存降级限流。

2. 面向雇员的身份认证

面向雇员的身份认证为本企业雇员的应用提供 IDaaS 服务，具有以下特点。

（1）多维组织架构。用户组织架构复杂，不同应用没有统一的组织架构。

（2）权限管理。用户角色岗位复杂，存在岗位交织、兼职等情况，需要提供临时分配临时回收权限的功能。

（3）安全方便的登录。同面向消费者的身份认证。

（4）社交集成。同面向消费者的身份认证。

（5）用户行为风险分析。能够进行用户重复注册智能识别、低频攻击识别、有效用户智能识别，并且具有用户操作行为的海量数据审计能力，基于大数据下的用户行为分析能力。

（6）唯一 ID。同一个用户可以存在于不同的应用中，并能提供用户关联功能，在员工入职、离职、调岗、兼职、退休全业务流程中唯一标识该员工。

（7）国际化。对于跨国公司，需要提供全球访问、多认证中心联邦认证等功能。

3. 面向供应商的身份认证

面向供应商的身份认证为供应商的应用提供 IDaaS 服务，具有以下特点。

（1）供应商用户管理。用户数量众多，供应商变化频率高，并且供应商人员离职率高，需要更严格的对供应商僵尸账号的控制、离职人员账号控制、权限变更控制。

（2）供应商网络复杂。供应商可以从内网访问，也可以从外网直接访问或通过 VPN 访问，需要根据不同场景下的访问有不同的访问控制策略。

（3）子账号管理。可以分配子账号，并能控制账号密码共享使用。

4. 面向物联网的身份认证

面向物联网的身份认证为物联网的应用提供 IDaaS 服务，具有以下特点。

（1）物联网设备数量极多，增速极快。设备网络带宽不稳定，网速慢。设备操作系统异构类型多，系统计算能力有限，需要提供更好性能的身份管理服务。

（2）物联网设备本身安全防护能力弱，容易被强行刷机，需要给物联网设备分配不可伪造、不可篡改的唯一 ID，并对设备与第三方服务器的通信加密、认证、鉴权。

（3）物联网网关具有认证、鉴权能力。对于低电量设备、无系统设备提供设备影子，统一管理。

8.2.4 业界主要的 IDaaS 平台

1. OKTA

OKTA 软件能让客户的员工很方便地使用单一、安全的账号，提供登录工作中需要使用的各种网络服务，或者供应商、合作伙伴所使用的网络服务。OKTA 的主要优点是安全，企业利用 OKTA 软件可以让员工和其他被授权的人远程访问企业信息，而不会导致企业的敏感信息泄露。当一名员工离职后，企业也可以利用 OKTA 软件快速取消该员工此前所有使用过的网络服务的访问权限。

2. Azure AD

Azure AD 是一种基于云的标识和访问管理服务。借助 Azure AD 平台，开发人员可以生成登录用户的令牌，并获取令牌合法的调用 API。例如，调用 Microsoft Graph 或受保护的 API 资源时利用令牌进行验证和鉴权。Azure AD 包含身份验证服务、开源库、应用程序注册和配置等。Azure AD 平台支持行业标准协议，如 OAuth 2.0、OpenID Connect 等。

对于多个应用平台，Azure AD 平台使用支持 SSO 的开源 Microsoft 身份验证库（Microsoft Authentication Library，MSAL），从而为用户提供出色的 SSO 体验，并且 Azure AD 采用微软安全开发生命周期（Security Development Lifecycle，SDL）开发，实现高可靠性和高性能。

3. SSO360

SSO360 是派拉软件公司研发的一款 SaaS 平台下的 IDaaS 身份管理服务平台。2018 年统一了 IDaaS 与微服务架构，发布了派拉 SSO360 产品，全面支持各种身份场景的应用，并支持公有云 PaaS 平台部署、混合云部署、私有云部署，已经有成熟的运行案例。SSO360 的技术点及说明如表 8-1 所示。

表 8-1 SSO360 的技术点及说明

技术点	说明
自研微服务网关	微服务网关是微服务架构最重要的组件。派拉微服务网关集前后端分离、微服务治理、缓存、限流、降级等功能,并且在网关级集成了认证服务,可以为集成到身份管理系统的第三方应用进行认证服务
完全原子化微服务	统一身份管理平台已经完全根据业务和认证协议进行了原子化拆分;完全可以根据不同业务场景来部署不同的子服务,灵活搭配,既保证资源的有效利用,又保证了不同服务完全独立互不影响
云身份中台	统一的身份和目录服务管理;账号的生命周期和审计管理;单点登录与多因子认证;加速新业务上线;提升办公环境体验
云权限中台	基于角色的访问控制、基于属性的访问控制权限模型;统一的权限管理;开箱即用,传统业务、系统、数据平滑迁移;提升业务安全性
应用生态	社交身份融合;生态级应用集成;常用商业应用一键集成;开发者平台
合规和安全	符合等级保护 2.0 和《通用数据保护条例》的规定;符合开放式 Web 应用程序安全项目(Open Web Application Security Project,OWASP)的要求;有效降低网络攻击风险
营销与运营	自动化工作流;常用商业应用一键集成;企业运营效率大幅提升;推行行业标准,增强行业影响力;自动化运维

8.3 IaaS 的身份和访问控制管理

业界对云上运行的应用程序的安全性往往存在诸多误解。众所周知,如果部署得当,基于云的应用程序比内部部署更安全。但是,云环境遵循的是与传统内部部署不一样的安全模型,而这些不同可能无意间导致安全性降低。因此,向云端迁移工作业务系统不会自动让工作更安全,无论厂商还是企业都需要谨慎考虑应用安全并采取行动。

IaaS 供应商通常会创建和推动责任共享模型,这个模型定义了 IaaS 供应商负责云的安全,客户(企业)负责自己在云中的安全。图 8-1 所示是融合了几个领先 IaaS 供应商的理念而创建的责任共享模型。

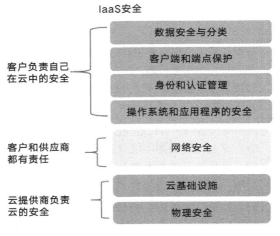

图 8-1 责任共享模型

8.3.1 IaaS 面临的安全威胁

1. IaaS 的定义

IaaS 的架构如图 8-2 所示。其中包含两组 IaaS 资源（虚拟机），分别位于两个私有云网络。这些私有云网络可以对应不同的账号，或云环境中不同的私有区域（如 AWS）。从网络访问的角度来看，这些私有云网络受到云防火墙的保护，云防火墙在逻辑上控制这些网络的访问。但对这些私有云网络的访问控制很快就会变得复杂，不同的云提供者有不同的工具集。在此省略路由表、网关、NACLs 等构件的复杂性，以便能够集中精力面对用户访问 IaaS 资源所面临的挑战。

2. IaaS 的安全威胁

IaaS 的网络访问存在一个重大的安全威胁。作为云安全责任共享模型的一部分，网络安全依赖于企业。将私有云资源公开到公共互联网通常不是一个可接受的选项，仅依赖于身份验证来保护，显然不符合安全要求。因此，企业需要在网络层弥补这一差距。下面介绍几个典型的安全威胁场景。

（1）位置只是一个普通的属性而已。

不同的开发人员可能需要不同类型的网络来访问不同的资源。

例如，A 是数据库管理员，需要访问运行数据库的所有服务器的 3306 端口。B 坐在 A 旁边，管理 Web 项目的应用程序代码，并需要使用 SSH 连接到那些运行 Web 项目的应用服务器。C 和小组其他人员不一样，他是远程工作的。C 是 Web 项目的应用程序开发员，尽管相隔千里也要求与 A 有相同的访问权限。

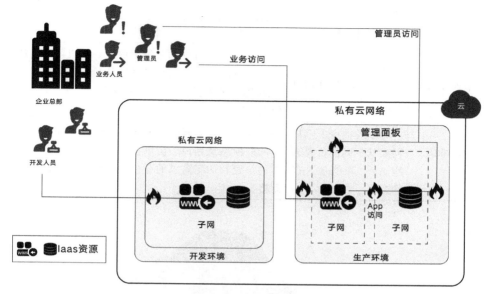

图 8-2 IaaS 的架构

位置可能仅仅是访问策略需要考虑的属性之一，而非传统网络环境中网络访问层的主要驱动因素。

（2）唯一不变的是变化。

这是一个真理，在云环境中尤其如此。首先，IaaS 环境中的计算资源是高度动态的，服务器实例不断地被创建和销毁。手动管理和跟踪这些访问几乎不可能。其次，开发者也是动态的，不同的人在不同的项目中担任不同的角色。

这个问题在 DevOps 环境中被放大。开发、测试、发布和运维等角色混合在一个团队中，对"生产环境"资源的访问可以迅速改变。

（3）IP 地址难题。

当前的 IPv4 面临着严峻的挑战：不仅用户的 IP 地址定期更改，用户和 IP 地址之间也没有一对一的对应关系。图 8-3 所示说明了 IP 地址的复杂度。

当访问规则完全由 IP 地址驱动时，即使是简单的环境也会很复杂。IaaS 不同位置存在不同的风险，如表 8-2 所示。

表 8-2 IaaS 不同位置存在的风险

位置	风险	说明
公司总部	所有用户都映射到单个 IP 地址。在此位置有许多用户，需要广泛的网络访问能力	网络安全组无法区分用户，并且必须授予每个人所有资源的完全访问权限。这意味着恶意用户、攻击者或恶意软件可以从本地到云不受阻碍地穿越

续表

位置	风险	说明
远程办公室	直接网络连接会保留每个用户的 IP 地址	IP 地址是动态分配的并每天更改。用户还可以从多个设备访问云。信息技术管理员不断更新安全组的规则(增加业务延迟)或网络完全对云开放(降低安全性)
咖啡店	一个(或很少)用户需要从不同的位置远程访问,可能是 NAT 的方式	来自这些位置的网络访问会同步开放给同一网络上的任何恶意用户。信息技术管理员很难根据用户的位置和访问需求的变化来手动调整网络访问策略

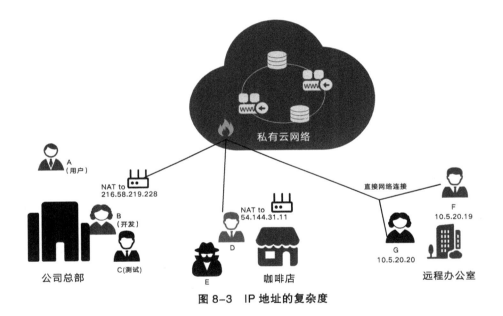

图 8-3 IP 地址的复杂度

8.3.2 IaaS 的身份管理和访问控制

IaaS 云系统的安全性在很大程度上取决于虚拟机管理程序。虚拟机管理系统位于底层硬件和管理程序之间。虚拟机管理系统以不同的方式在管理程序和虚拟机上实施访问控制,虚拟机管理系统对不同的用户实施不同级别的访问。被授予 guest 权限的用户,一些只有对操作系统管理界面的只读权限,而一些被允许控制操作系统。

虚拟机管理系统可为管理程序和虚拟机提供访问控制。例如,通过保护管理程序的代码免受未经授权的访问，并通过灵活的强制访问控制来隔离虚拟机，从而使管理程序免受劫持攻击。

　　为了对互操作强制执行访问控制需要对服务级别进行控制，服务级别协议应设计为通过控制策略以确保服务操作的安全性。表 8-3 列出了 IaaS 访问控制策略的指导规则，其中考虑了访问控制的主要元素（主体、操作和客体）。

　　尽管表 8-3 中每一行都表示可能的访问控制规则，但是访问控制策略设计者应根据系统需求，决定是否在每个访问控制策略中采取允许或拒绝规则。例如，如果授权的 IaaS 终端用户需要使用云服务，则应在虚拟机管理程序中为终端用户授予登录操作，否则，应予以拒绝。

表 8-3　IaaS 访问控制策略的指导规则

主体	操作	客体	环境因素
IaaS 终端用户	登录、读、写、创建	管理程序	时间、位置、安全影响等级等
	读、写、创建	虚拟机	时间、位置、安全影响等级等
虚拟机	写	管理程序	时间、位置、安全影响等级等
	读、写	同一主机的其他虚拟机	时间、位置、安全影响等级等
	读、写、创建	guest 操作系统镜像	时间、位置、安全影响等级等
	读、写	不同主机但在同一 IaaS 服务中的其他虚拟机	时间、位置、安全影响等级等
	读、写	不同 IaaS 提供商的其他虚拟机	时间、位置、安全影响等级等
管理程序	读、写、创建	guest 操作系统镜像	时间、位置、安全影响等级等
	读、写	硬件资源	时间、位置、安全影响等级等
	读、写、创建	虚拟机	时间、位置、安全影响等级等

8.3.3 常见 IaaS 业务场景下的 IAM

1. 开发和测试

团队可以快速搭建和更改开发和测试环境，从而更快地将新应用程序推向市场。IaaS 可以快速并经济地向上和向下扩展开发和测试环境。对于开发和测试环境的操作需要结合 IAM 人员的访问权限，减少开发和测试环境的越权操作，并记录运维人员的操作。

2. 网络托管

使用 IaaS 网络托管比传统的网络托管更便宜。但是存在多个应用服务公用平台，由于应用与公共资源、应用与应用、运维人员与应用之间的数据和权限交织在一起，因此需要通过 IAM 来定义各个主体和客体的身份，按身份进行细粒度的权限分配，这样才能保证托管的服务质量和资源的安全。

3. 存储、备份和恢复

IaaS 能够节省存储管理的支出。存储系统通常需要专业人员来管理，并满足法律和遵从性需求。IaaS 同时需要处理不可预测的需求和增长的存储需求，以及备份和恢复系统的规划和管理。为了对存储数据访问的合规控制，需要使用 IAM 控制员工对数据的读取和查询权限。

4. 网络应用

IaaS 提供了支持 Web 应用程序的基础架构，包括存储、Web 应用程序服务器及网络资源。企业可以在 IaaS 上快速部署 Web 应用程序，并在无法预知应用程序需求时轻松地扩展基础架构。Web 应用程序之间的接口和数据交互需要通过 IAM 进行身份和访问权限的统一管理。

5. 高性能计算

超级计算机、计算机网格或计算机集群上的高性能计算帮助解决复杂的计算问题。例如，地震监测、天气预报、财务建模等。对于计算资源的调用和访问，需要控制访问者的身份和权限信息。

8.4　云原生架构下的身份和访问控制管理

随着云原生相关技术的影响越来越大，相关企业也开始大范围地使用云原生架构。对于云原生架构下的身份管理和访问控制管理需要有相应的方法和策略。

8.4.1 云原生架构

从技术的角度看，云原生架构是基于云原生技术的一组架构原则和设计模式的集合，旨在将云应用中的非业务代码部分进行最大化的剥离，从而让云设施接管应用中原有的大量非功能特性（如弹性、韧性、安全性、可观测性、灰度等），使业务不再有非功能性业务中断困扰的同时，具备轻量、敏捷、高度自动化的特点。

但随着软件规模增大、业务模块增多、部署环境增多、分布式复杂性增强，使得软件构建变得越来越复杂，对开发人员的技能要求也越来越高。云原生架构相比传统架构有了很大的进步，从业务代码中剥离了大量非功能性特性（不是所有，如易用性还不能剥离）到 IaaS 和 PaaS 中，从而缩小开发人员的技术关注范围，通过云厂商的专业性提升应用的非功能性特性。

此外，具备云原生架构的应用可以最大程度地利用云服务提升软件交付能力，加快软件开发速度。

1. 云原生架构原则

（1）服务化原则。

云原生架构强调使用服务化的目的在于从架构层面抽象化业务模块之间的关系，标准化服务流量的传输，从而帮助业务模块进行基于服务流量的策略控制和治理，不管这些服务是基于什么语言开发的。

（2）弹性原则。

弹性原则是指系统的部署规模可以随着业务量的变化自动伸缩，无须根据事先的容量规划准备固定的硬件和软件资源。

（3）可观测原则。

在云这样的分布式系统中，主动通过日志、链路跟踪和度量等手段，让一次 App 点击背后的多次服务调用的耗时、返回值和参数都清晰可见，甚至可以显示每次第三方软件的调用、SQL 请求、节点拓扑、网络响应等，这样的能力可以使运维、开发和业务人员实时掌握软件运行情况，并结合多个维度的数据指标，获得强大的关联分析能力，不断对业务健康度和用户体验进行数字化衡量和优化。

（4）韧性原则。

韧性从多个维度诠释了软件持续提供业务服务的能力，其核心目标是提升软件的平均故障间隔时间（Mean Time Between Failure，MTBF）。从架构设计上，韧性包括服务异步化能力、重试、限流、降级、熔断、反压、主从模式、集群模式、单元化、跨 Region 容灾、异地多活容灾等。

（5）所有过程自动化原则。

在标准化的基础上进行自动化，通过配置数据自描述和面向最终态的交付过程，让自动化工具理解交付目标和环境差异，实现整个软件交付和运维的自动化。

（6）零信任原则。

默认情况下不应该信任网络内部和外部的任何人、设备及系统，需要基于认证和授权重构访问控制的信任基础，如 IP 地址、主机地址、所处网络等均不能作为可信的凭证。引导安全体系架构从"网络中心化"走向"身份中心化"，其本质是以身份为中心进行访问控制。

（7）架构持续演进原则。

云原生架构本身是一个具备持续演进能力的架构，而不是一个封闭式架构。在技术上通过微服务、应用网关、应用集成、适配器、服务网格、数据迁移、灰度发布等应用进行细粒度控制，从而使云原生架构具备持续演进的能力。

2. 云原生架构与传统架构对比

传统单体应用一般采用 MVC（Model-View-Controller，模型 - 视图 - 控制器，如 Spring+iBatis/Hibernate+Tomcat）架构，业务通常是通过部署一个 war 包到 Tomcat 中，然后启动 Tomcat，监听某个端口即可对外提供服务。早期在业务规模不大、开发人员较少时，采用传统单体应用架构，开发、测试、运维等都能兼顾，并且运行得还不错。

然而随着业务规模的不断扩大，开发人员的不断增多，传统单体应用架构开始出现问题。大致有以下几方面的问题。

（1）部署效率低下。

传统单体应用代码越来越多，依赖的资源越来越多，应用编译打包、部署测试一次甚至需要 10 分钟以上，一个 war 包可能达 GB 级别。随着产品或项目的维护周期越来越长，就会有越来越多的代码。

（2）团队协作开发成本高。

在开发团队只有两三个人的时候，协作修改代码，然后合并到一个主分支，最后打包部署，尚且可控。但是一旦开发团队扩张，超过 5 个人修改代码，并一起打包部署，测试阶段只要有一项功能有问题，就得重新编译、打包和部署，然后重新预览测试，测试团队不知道会影响到什么模块，所有相关的人员都要参与其中，效率低下，开发成本极高。

（3）系统可用性差。

因为所有的功能开发最后都部署到同一个 war 包里，运行在同一个 Tomcat 进程中，所以一旦某一功能涉及的代码或资源有问题，就会影响整个 war 包的部署。例如，某段代码不断在内存中创建大对象，并且没有回收，部署到线上运行一段时间后，就会造成 JVM（Java Virtual Machine，Java 虚拟机）内存泄露，异常退出，导致部署在同一个 JVM 进程中的所有服务都不可用，后果十分严重。

（4）线上发布变慢。

尤其对 Java 应用来说，代码会随业务急速膨胀，服务启动的时间就会变长，有时甚至超过 10 分钟，如果机器规模超过 10 台，单次发布就需要 100 分钟之久，而且功能更新或故障修复经常出问题。因此，急需一种能够将应用的不同模块解耦的方法，以降低开发和部署成本。

为了解决上面这些问题，云原生微服务化的思想应运而生，具体措施有以下几个。

（1）应用分解。

微服务架构通过分解巨大单体应用为多个服务的方法解决了复杂性问题。在功能不变的情况下，应用被分解为多个可管理的分支或服务。每个服务都有一个用 RESTful AIP 定义清楚的边界。微服务架构模式为采用单体式编码方式很难实现的功能提供了模块化的解决方案，单个服务很容易开发、理解和维护。

（2）微服务独立开发。

微服务架构使得每个服务都可以由专门的开发团队来开发。开发者可以自由选择开发技术，提供 API 服务。当然，一些公司为避免混乱，只提供某些技术选择。这种自由意味着开发者不需要被迫使用某个项目开始时采用的过时技术，而采用当前的先进技术。甚至于因为服务都相对简单，即使用当前技术重写以前代码也不是很困难的事情。

（3）微服务独立部署。

微服务架构模式使得每个微服务独立部署，开发者不再需要协调其他服务部署对本服务的影响。这种改变可以加快部署速度，如 UI 团队可以采用 A/B 测试并快速部署变化。微服务架构模式使得持续化部署成为可能。

（4）微服务横向扩展。

微服务架构模式使得每个服务独立扩展，可以根据每个服务的规模或压力来部署满足需求的实例，甚至可以使用更适合服务资源需求的硬件。例如，对 CPU 敏感或对内存敏感的应用分别部署在不同硬件架构的服务器中。

8.4.2　云原生架构下的 IAM

综合的 IAM 解决方案在云原生架构下需要最小粒度的鉴权服务。运维、运营或混合云中的用户和设备均需要进行鉴权。针对基于多云环境的分布式应用，联合鉴权是成功实施的关键。

应用程序在通信时应该进行明确的授权使用鉴权模块。由于云计算的瞬时性，应频繁更换密钥且缩短有效时间，以保证高速通信和访问控制的需求。

使用云厂商提供的鉴权服务取决于特定行业的应用场景。独立于云厂商的用户对于凭证和密钥的生成和管理应是机器敏感的，如医疗和金融信息。

为了让客户端和服务器通过加密技术双向验证身份，所有的通信都必须进行双向认证。

在内部环境和跨环境的场景中，鉴权和授权必须是独立决定（决策点）和可执行的（执行点）。在理想情况下，所有工作环境中的安全操作应实时被确认，并且尽可能通过更新后的访问控制和文件权限进行验证，因为缓存可能导致未授权访问（如果访问被撤销并且无法验证）。所有工作负载的授权应该基于其被赋予的属性和角色/权限，因此企业应同时使用基于属性的访问控制和基于角色的访问控制，以便在所有环境中和整个工作负载生命周期中提供精细的授权管理。这样的方案可以实现深度防御，所有的工作负载都能够接受、消费和转发终端用户的身份以根据情景或动态授权。这可以通过使用身份文件和令牌来实现。如果不执行这一点，就会使企业在系统级和服务级的调用中真正实施最小权限的访问控制能力减弱。

需要注意的是，应用或服务在微服务背景下的身份认证也是至关重要的，恶意的服务会冒充应用的身份。利用强大的身份框架和服务网格可以帮助解决这些问题。

所有的访问用户都必须经过认证，他们的所有操作都必须根据访问控制策略进行评估，这些策略将评估每个请求的背景、目的和输出。为了简化认证流程，可以配置联合鉴权，以允许使用企业内的资源，如多因子认证。

身份管理解决方案开始与云原生微服务集成。微服务网关作为微服务架构最重要的组件，通过与身份管理集成，完成身份认证和接口鉴权功能。通过微服务网关分发接口请求，在接口通信中包括一个唯一的令牌，微服务接收该令牌后便会得到验证，应用程序仅在收到有效令牌并通过权限验证后才执行请求的功能。在微服务环境中使用身份管理可以防止非法用户假冒微服务或窃听应用程序。

多个微服务之间的接口调用。在调用方服务发起调用前通过身份管理申请服务令牌，并携带服务令牌调用被调服务，被调服务接收到该令牌后立即进行身份和权限的校验，以确认调用方服务的合法性和权限，这样可以保护微服务之间横向调用的安全性，以及避免在内部网络中服务接口被非法调用。

图 8-4 展示了云原生下的 IAM 架构。

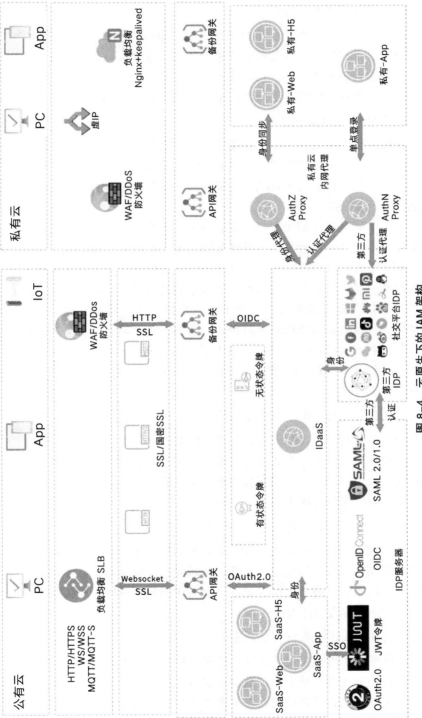

图 8-4 云原生下的 IAM 架构

1. 使用 SSO 将用户连接到应用

云的一个主要优势在于，用户在需要时可以随时随地轻松访问业务工具。不过，当工具及其所需密码的数量成倍增加时，这种优势反而会变成劣势。用户希望部署的许多基于云的应用没有内置的安全和身份验证功能。多个云应用可以使用同一套身份管理平台，达到统一的身份管理和单点登录。

2. 使用 MFA 验证用户身份

就身份验证策略而言，如何实现便利性和安全性之间的平衡，是当前企业面临的主要挑战。对于面向消费者的服务，应构建令用户体验好的身份验证。对于企业员工的访问，必须使用最严格、最安全的身份验证，确保只有合法用户才能访问企业资源。

用户在不同场景下需要使用不同的 MFA 方式，如通过电子邮件、短信或 App 推送通知发送一次性密码，或者使用生物特征验证（如指纹、人脸、语音等），使用虚拟专用网络时也需要进行二次身份验证，并且能够使用来自企业移动管理和恶意软件检测解决方案的情境信息进行基于风险的身份验证，可轻松将移动应用与更广泛的访问安全平台相集成，基于风险的用户授权和身份验证策略，可以从多方面进行风险判断。例如，关于端点的上下文信息（设备指纹、越狱状态、EMM 注册状态），身份（组、角色和欺诈指标），环境（地理位置、网络和 IP 信誉），资源 / 动作（正在请求什么），用户行为（定位速度）等。

3. 治理访问权限以确保适当的访问

对于许多企业而言，为满足合规要求而对用户的应用访问进行验证，可能是一项繁重、费力且会产生大量运营成本的工作。通过云端提供的身份治理和管理功能，可以帮助企业加快新技术的应用，使其能够以较低的运营成本管理员工访问生命周期和合规性。

4. 通过身份分析更好地了解访问风险

典型的 IAM 环境会存储有关用户身份和访问权限的信息，但这样无法获得准确的访问风险视图。如要全面了解访问风险，需要全面了解哪些用户通过其访问权限做出了什么行为。可以通过全面的访问风险视图来增强现有身份验证流程，让 IAM 变得更加智能。

5. 通过自适应访问来平衡安全性和便利性

当用户登录并访问应用系统时，需要对用户进行相应级别的身份验证。大多数身份验证方法都是基于固定数量的属性（位置、设备等）来设置静态策略的，并通过自适应访问帮助企业在不牺牲风险管控的前提下为用户提供流畅的访问体验。自适应访问将高级风险检测与强大的访问策略引擎结合在一起，可以在用户尝试访问应用系统时评估其身份的完整情境信息。借助面向自定义应用的 API，以及面向常用云应用的预构建模板，可以轻松地与应用系统相集成，几乎不需要编写代码。

基于人工智能的风险检测功能，可综合移动设备、Web 会话和 VPN 访问的情境信息调高或调低所需的用户身份验证级别。通过一个简单的策略编辑器，可以支持快速设计和运用自适应身份验证策略，从而能够基于行为、生物特征、已知欺诈模式、设备、位置和 IP 地址等检测用户属性中的异常。

面向开发人员的资源，支持将自适应身份验证添加到原生应用、Web 应用、移动应用和云应用中，支持多种联合标准，包括 SAML、OAuth 和 OpenID Connect 等认证协议。

6. 消费者身份和访问管理

通过强大的消费者身份和访问控制管理可以保护服务的安全。但如果客户无法实现快速、便捷的访问，也可能会流失客户。消费者身份和访问控制管理需要支持以下功能。

（1）自定义身份验证体验。提供保持一致的 API、软件开发工具包和开发人员资源，第三方集成应用可以自助使用这些开发工具进行系统集成。

（2）自适应身份验证。当检测到用户行为风险时提示客户进行多因子认证，并且对于风险级别能提供不同的多因子认证方式。

（3）社交登录功能。允许用户使用自己的社交账号，以及其他区域和地理位置特定的账号进行注册和登录。

（4）预构建模板。在系统中预制登录、注册、用户名 / 密码重置及其他身份操作的模板，用户按需选择相应的模板即可。

7. 云原生 IAM 的典型场景解决方案

（1）7×24 小时可用。

身份认证系统一旦上线运行，尤其是集成了生产业务系统、消费者服务系统等重要系统后必须保证 7×24 小时的高可用性，每一次死机都是生产事故，会产生糟糕的用户体验。微服务架构的身份认证系统集成 Docker 模式部署，可以提前感知服务异常并动态启动新的 Docker 节点来保证服务持续的可用性，即使出现整个机房级别的宕机情况，也可以启用异地备份机房的服务来保证身份认证服务的高可用性。

（2）秒级的服务快速扩充。

促销、秒杀、突发事件等对访问请求服务的突然爆发，需要秒级的服务快速扩充。在集成了面向消费者服务的应用中，会有非常明显的互联网特征，即会出现可预知或不可用预知的使用高峰。例如，促销活动会出现明显的访问量增长，在传统单体应用下需要按最大使用量来堆砌服务器资源，不仅成本高昂，而且在闲时服务器资源就是浪费；秒杀会在短时间内出现服务访问量爆发式增长，如果系统设计不到位很容易把服务器撑爆。微服务架构集成 Docker 容器模式，把不同服务原子化，它首先把不同的认证服务引流到不同的 Docker中，再通过 Docker 自动化部署为不同的认证微服务，运行差异化的部署方法，这样不仅节约成本而且即使出现某个服务异常也不会导致整个系统瘫痪。

（3）灰度发布。

灰度发布是指在黑与白之间，能够平滑过渡的一种发布方式。可以进行 A/B测试，即让一部分用户继续用产品特性 A，一部分用户开始用产品特性 B，如果用户对 B 没有反对意见，那么逐步扩大范围，把所有用户都迁移到 B。灰度发布可以保证整体系统的稳定，在初始灰度的时候就可以发现问题、调整问题，以将不良影响降到最低。灰度发布从开始到结束期间的这一段时间，称为灰度期。

微服务架构中的网关最适合做灰度发布的引擎，通过微服务网关把部分流量导入新版本的 API 中，在可控的小范围内进行试用，即使出现故障也可以立即撤回发布内容。

（4）缓存、降级和限流。

在开发高并发系统时有三把利器来保护系统：缓存、降级和限流。缓存的目的是提高系统的访问速度和增大系统能处理的容量。降级是当服务出问题或影响到核心流程的性能时暂时屏蔽掉，待高峰或问题解决后再打开。还有些场景不能用缓存和降级来解决，如稀缺资源（秒杀、抢购）、写服务（评论、下单）、频繁的复杂查询等，因此需有一种手段来限制这些场景的并发请求量，即限流。

限流的目的是通过对并发请求进行限速或者对一个时间窗口内的请求进行限速来保护系统，一旦达到限制速率则可以拒绝服务（定向到错误页或告知资源没有了）、排队或等待、降级（返回兜底数据或默认数据，如商品详情页）。

第 4 篇　前瞻篇

本篇共两章，即第 9 章和第 10 章，主要涵盖如下问题。

- 零信任架构是什么？
- 零信任的应用场景有哪些？
- 国家层面对身份管理的部署有哪些？
- 基于区块链的自主身份管理是什么？
- 身份和访问控制与人工智能的结合点在哪里？
- 身份隐私技术的发展趋势是什么？

第9章 零信任下的身份和
访问控制管理

本章从零信任的定义入手，介绍零信任的安全架构、SDP 下的身份认证、零信任下的授权、策略决策引擎、风险评估引擎、终端认证、终端安全和微隔离、零信任架构的应用等内容。

9.1 零信任的定义

零信任源于 2004 年 Jericho 论坛提出的去边界化安全理念，2010 年 Forrester 咨询公司提出了零信任的概念。在给出定义之前先来了解零信任能解决的问题。概括地讲，零信任解决了以下两方面的安全问题。

（1）解决了网络安全问题。一是传统的终端设备接入网络无须通过身份验证，也就是说，任何终端对服务提供方来说都是可信的，这导致出现问题无法追溯和控制；二是会暴露服务提供方资源的地址与端口，使其容易受到网络攻击而瘫痪；三是设备端到资源端的网络链路并非加密的端到端连接，容易出现流量的劫持和嗅探。对于这些问题，零信任提供了设备端身份验证与网络端到端加密隧道、服务提供方的资源隐藏地址与端口、微隔离技术等整体解决方案。

（2）解决了应用安全问题。统一身份管理和认证是应用安全的基础，基于角色的访问控制的静态授权模式在安全方面体现出的不足越来越明显。一是授权颗粒度的问题，在同一个角色下的权限是相同的，意味着无法对敏感字段进行单独的处理和适应颗粒度更小的信息权限控制；二是静态的事先授权问题，这会导致出现问题无法在事中处理，无法在运行中发现权限和访问的安全问题。对于这些问题，零信任提供了终端感知、多因子认证、细粒度的动态授权技术等整体解决方案。

了解了以上零信任要解决的问题，就更容易理解零信任的定义。零信任并非没有信任，而是根据访问方提供可信凭证的多少来决定访问服务提供方资源权限的大小，零信任就是持续访问持续认证，权限动态化，并保持访问最小权限。

9.1.1 零信任的安全架构

零信任参考架构模型通常由动态访问控制、身份统一管理、终端与用户安全、传输与数据安全几部分组成，如图 9-1 所示。

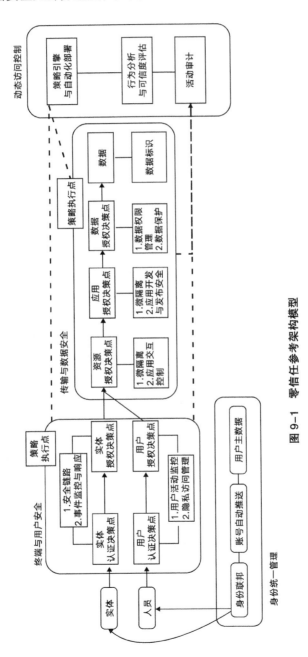

图 9-1 零信任参考架构模型

Forrester 零信任边缘模型如图 9-2 所示。零信任主要有两类概念：一是数据中心零信任（即资源侧的零信任）；二是边缘零信任（即边缘侧的零信任访问安全），而这正是零信任边缘（Zero Trust Edge，ZTE），也可以说是云安全联盟（Cloud Security Alliance，CSA）提出的软件定义边界（Software Defined Perimeter，SDP）范围里的内容。

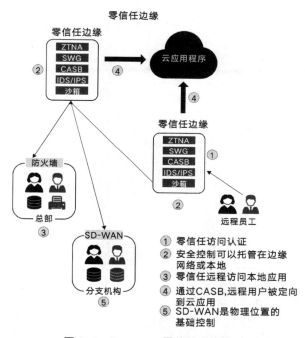

图 9-2　Forrester 零信任边缘模型

通过参考模型与概念抽取，可以获得业务安全模型，如图 9-3 所示。

业务安全模型主要包括以下几个方面。

（1）安全沙箱 / 浏览器：提供终端零信任代理（Zero Trust Agent，ZTA）的配置界面、登录和退出界面、网络代理开关（决定 ZTA 是否建立连接），浏览器至少需要支持 IE 和 Chrome 双内核；支持插件的扩展模式，提供不同插件和证书的管理界面，兼容 IE 和 Chrome 插件；对访问的资源能进行内容审计与过滤，记录用户的访问行为，提供定时发送审计内容给后端服务。

（2）终端 ZTA：从分发器下载安装包，包括 ZTA 与安全沙箱 / 浏览器组件（浏览器安装为可选），安装后首次启动需要输入 IAM 的用户名和密码进行注册获得设备证书，以后每次登录需要检查是否有组件或证书更新，先更新后登录，登录成功后获得可信网关（Trust Gateway，TG）地址与端口、访问令牌、访问资源列表；策略来自分发器（Dispatcher），通过定时策略完成，策略服务

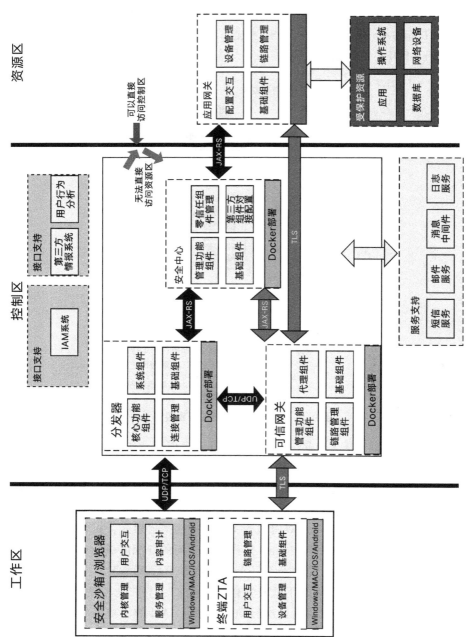

图 9-3 业务安全模型

包括认证信息策略、定时策略、信息收集策略、监控策略（进程异常）、安全检查策略（安全防护、反注入、防病毒）；ZTA 可隐藏自带的配置界面（安装了安全浏览器），可配置分发器的域名、端口、重试次数、时间间隔；ZTA 登录后可获得 TG 的地址、端口、访问令牌，ZTA 按定义的请求报文格式，使用证书加密、携带访问令牌与 TG 建立加密隧道（支持国密证书）；浏览器访问的域名首先提交分发器解析是否为受保护的资源，确认后才提交给 TG 进行访问处理，否则不做网络代理；认证信息处理（设备和用户的认证信息和方式；按策略对信息进行收集与处理；证书的存储与更新。

（3）分发器：对 ZTA 提交的域名进行解析，判断访问的域名是否为保护的资源，对准备访问的 URL 进行记录，当 TG 请求 DNS 解析时进行匹配，完成从用户登录到访问各个资源的全生命周期日志记录，方便审计；根据认证策略，先完成设备信息认证后再完成用户信息认证，支持第三方的 IAM 身份认证；ZTA 策略的分发，包括认证信息策略、定时策略、信息收集策略、监控策略（进程异常）、ZTA 安全检查策略（安全防护、反注入、防病毒）、组件更新与自更新策略（间隔时间检查更新）；提供 ZTA 软件下载和更新，设备注册、证书下载与更新，分发器自更新。

（4）可信网关：接受 ZTA 加密隧道（支持国密证书）的请求，支持多并发，验证访问令牌；能实现隧道的路由控制，完成不同加密隧道的衔接与路由；业务代理（包括 Web、SSH、RDP），实现日志审计与服务代理；信息验证服务（威胁情报）；对访问的域名提交分发器解析，根据访问控制策略实现与相应的服务代理路由，接受分发器的控制，监控访问流量与会话，可终止会话和隧道连接，根据策略实现动态路径访问控制；配置信息（并发数、加密方式），证书、软件自更新，定时服务，设置日志格式。

（5）安全中心（Security Center，SC）：数字证书签发，OCSP 查询与验证；通过 TG 获得业务模型学习的数据，需要定义收集数据的格式，通过策略控制分发给各个终端 ZTA，ZTA 根据策略收集相应的数据通过 TG 提交给 UEBA，UEBA 的决策结果可作为访问控制的一部分策略来实现；基于角色的访问控制、基于属性的访问控制策略的定义，对基于访问的资源域名、端口、协议、设备属性、环境属性、用户属性进行定义，实现动态决策，完成策略控制，支持多种业务的访问决策；所有的组件都需要实现自注册获得客户端证书，通过组件管理可以查看各组件证书、组件访问信息，允许中断访问、注销组件。

（6）应用网关（Application Gateway，AG）：AG 对外能访问 TG 和 SC，对内可以访问受保护资源；外部的 TG 和 SC 无法访问 AG，更无法访问受保护资源。AG 从 SC 下载安装包，安装后首次启动需要输入 IAM 的用户名和密码进行注册获得客户端证书，AG 与 SC 需要建立定时检查机制，SC 存在 AG 组件或证书更新信息，与 TG 建立链路信息通过定时机制通知 AG，AG 对更新信息优先处理；策略来自 SC，通过定时策略完成，策略服务包括认证信息策略、定时策略、监控策略（进程异常）、安全检查策略（安全防护、反注入、防病毒）；AG 可通过命令行配置访问 SC 的域名、端口、重试次数、时间间隔；AG 根据从 SC 获取的 TG 地址、端口等，使用证书加密，与 TG 建立加密隧道（支持国密证书）；按策略对信息进行收集与处理；证书的存储与更新。

9.1.2 SDP 下的身份认证

SDP 在零信任中是为解决网络安全而存在的，尤其是终端的访问安全定义了相应的标准和规范，主要解决服务与不安全的网络隔离，而 SDP 下的身份验证不仅要解决用户身份的验证，还要完成设备身份的验证，只有身份验证通过的用户与设备才被允许对资源进行访问。

1. 认证机制

云安全联盟（Cloud Security Alliance，CSA）在 2014 年 4 月发布的《SDP 标准规范 1.0》中，体现了控制平面与数据平面的隔离，如图 9-4 所示。

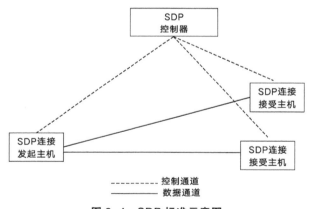

图 9-4 SDP 标准示意图

这里的认证服务就是 SDP 控制器与统一身份管理与认证组件的结合，可信网关就是 SDP 连接接受主机（Accepting Host，AH），终端就是 SDP 连接发起主机（Initiating Host，IH），操作流程如下。

（1）终端安装网络代理和安全沙箱，向认证服务发起身份认证或注册，身份认证同时包括设备与用户。

（2）可信网关对外隐藏不可见，当认证服务通过身份验证后，通知可信网关打开动态端口，并返回可信网关的地址与端口给终端。

（3）终端依据可信网关的地址与端口发起单包认证，单包认证通过后终端与可信网关建立双向加密隧道 mTLS。

（4）终端上的安全沙箱通过加密隧道 mTLS 可访问在权限范围内的业务资源。

结合访问控制，就有了零信任网络访问（Zero Trust Network Access，ZTNA）的概念模型，如图 9-5 所示。

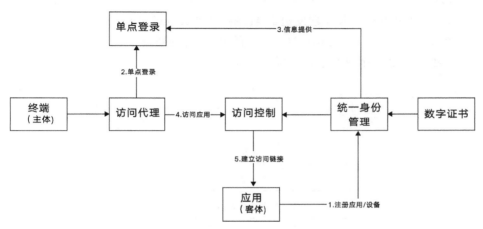

图 9-5　零信任网络访问的概念模型

2. 通信协议

为提高通信的安全性，在《SDP 标准规范 1.0》中定义了相应的交互报文格式，对于单个数据包授权（Single Packet Authorization，SPA）协议来说，单个 SPA 包从终端发送到服务器，服务器不需要回复，格式如下。

IP　　TCP　　AID（32bit）　　Password（32bit）　　Counter（64bit）

其中，IP 是终端地址；TCP 为通信协议类型；AID 是代理 ID（Agent ID），是一个 32 位无符号值，是通信双方之间的共享值，必须保密，用于数据包授权；Password 是由 RFC4226 加密算法生成的 HOTP 值；Counter 为计数器，用于通信双方的同步，不需要保密。

IH 和 AH 启动后都需要在 SDP 控制器上登录，完成登录后才允许进行通信。AH 的登录让 SDP 控制器获得活动的 AH 列表，当 IH 身份验证通过后可以返回 AH 列表供 IH 使用，同时会把登录的 IH 列表提供给 AH 使用，从而实现访问控制。

AH 登录的请求报文格式如下。

0x00　　　　　　　　　无命令特定数据

SDP 控制器响应的报文格式如下。

0x01 　　　　　　状态码（16bit）　AH 会话 ID（256bit）

AH 退出的请求报文格式如下（无须响应）。

0x02 　　　　　　无命令特定数据

AH 保持激活的请求报文格式如下。

0x03 　　　　　　无命令特定数据

SDP 控制器发送给 AH 的受保护的服务列表格式如下。

0x04 　　　　　　JSON 格式定义的服务的数组

IH 认证完由 SDP 控制器发送给 AH 的 IH 列表格式如下。

0x05 　　　　　　JSON 格式定义的 IH 信息的列表

AH 到 SDP 控制器的序列如图 9-6 所示。

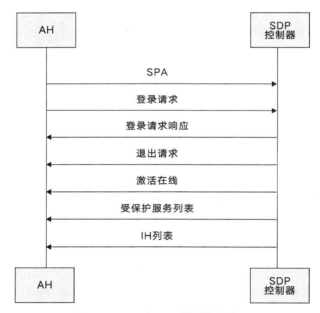

图 9-6　AH 到 SDP 控制器的序列

以上是基于 AH 与 SDP 控制器之间的报文格式。IH 也有与 SDP 控制器的相应报文，IH 与 AH 之间有建立加密隧道的报文，在此不再一一列出，在 SDP 标准规范里有详细的描述。通过这些报文格式形成 SDP 独有的通信加密协议，为网络提供安全服务保障。

从本质上说，SPA 单包认证是预认证的一种，认证流程为：客户端发送一个签名的请求授权访问后端服务的数据包给 SPA 服务，SPA 服务对收到的请求授权数据包进行解包、验签等操作，对无效请求直接丢弃；对检查通过的设置防火墙访问规则并回复授权响应包给客户端。

SPA 服务的关键特征如表 9-1 所示。

表 9-1　SPA 服务的关键特征

关键特征	特征描述
无监听端口	使用快捷数据路径（eXpress Data Path，XDP）方法直接从网卡驱动层获取通信数据包，直接处理报文内容。扫描程序无法侦测到监听端口
支持大网络流量处理	XDP 技术性能非常高，可接近网卡带宽上限，特别是在抵御分布式拒绝服务（Distributed Denial-of-Service，DDoS）攻击方面有先天优势
更安全的 SPA 首包认证协议	使用自定义 SPA 协议。通过使用个性化签名算法、报文加密算法及 MAC 算法，提高了安全性

9.1.3　零信任下的授权

1. 基于角色的访问控制

基于角色的访问控制（Role-Based Access Control，RBAC）是 20 世纪 90 年代研究出来的一种模型，但在 20 世纪 70 年代的多用户计算时期，这种思想就已经被提出来了，直到 20 世纪 90 年代中后期，RBAC 才得到研究者的重视，并先后提出了许多类型的 RBAC 模型。其中以美国乔治梅森大学信息安全技术实验室提出的 RBAC96 模型最具代表性，并得到了普遍认可。

RBAC 权限授权的过程可以抽象地概括为：Who 是否可以对 What 进行 How 的访问操作，并对这个逻辑表达式进行判断是否为 True 的求解过程，也即是将权限问题转换为 Who、What、How 的问题，Who、What、How 构成了访问权限三元组，具体的理论可以参考 RBAC96 的相关资料，在此不再赘述。

在 RBAC 模型中，有 3 个基础组成部分，分别是用户、角色和权限，如图 9-7 所示。RBAC 通过定义角色的权限，并对用户授予某个角色从而控制用户的权限，实现了用户和权限的逻辑分离，极大地方便了权限的管理。

图 9-7　RBAC 模型

RBAC 支持 3 个著名的安全原则：最小权限原则、责任分离原则和数据抽象原则。

（1）最小权限原则。RBAC 可以将角色配置成其完成任务所需的最小权限集合。

（2）责任分离原则。可以通过调用相互独立互斥的角色来共同完成敏感的任务。例如，要求一个记账员和财务管理员共同参与统一过账操作。

（3）数据抽象原则。可以通过权限的抽象来体现。例如，财务操作用借款、存款等抽象权限，而不是使用典型的读、写权限。

目前 RBAC 发展出的模型如表 9-2 所示。

表 9-2　目前 RBAC 发展出的模型

模型	描述
RBAC0	RBAC 的初始形态，也是最原始、最简单的 RBAC 版本
RBAC1	基于 RBAC0 的优化，增加了角色的分层（即子角色），子角色可以继承父角色的所有权限
RBAC2	基于 RBAC0 的另一种优化，增加了对角色的一些限制，如角色互斥、角色容量等
RBAC3	最复杂也是最全面的 RBAC 模型，它在 RBAC0 的基础上，将 RBAC1 和 RBAC2 中的优化部分进行了整合

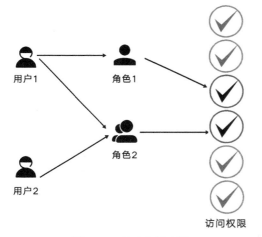

图 9-8　RBAC 示意图

RBAC 示意图如图 9-8 所示。

当用户 2 需要增加权限时 RBAC 已无法解决，需要重新创建新的角色与新权限关联后再赋予用户 2。这意味着业务的变化会引起新的角色层次结构的变化，而且角色数量会随着用户数量的增加而增加，时间一久导致用户对应角色积累而赋予其过多的权限，存在用户权限管理问题。

基于角色的授权属于粗粒度的静态模式，而动态对粗粒度授权模式没有意义。原因在于角色授权是个范围的概念，动态意味着从一个范围切换到另一个范围，现实没有这种需求，而且没有触发的数据源来支撑。这就意味粗粒度存在着静态模式下固有的安全问题，访问的安全问题无法在事中得到控制和处理，而只能在事后处理的机制本身就是个安全问题。

2. 基于属性的访问控制

我们知道传统上 RBAC 一直基于用户的身份，用户请求直接或通过预定义的属性类型（如角色或组）将对对象（如文件）执行操作（如读取）的权限分配给该用户。鉴于需要将权限直接关联到用户或其对应的角色或组，这种访问控制方法通常难以管理。另外把身份、组和角色的请求者限定在业务访问控制策略的方式中通常是不够的。一种替代方法是基于身份的任意属性和对象的任意属性，以及可能被全局识别并与预置策略更相关的环境条件来授予或拒绝用户请求，这种方法被称为基于属性的访问控制（Attribute-Based Access Control，ABAC）。

相对 RBAC 的粗粒度授权而言，ABAC 的授权颗粒度更细，更便于控制访问权限。对于业务系统来说，属性是最小的单元，可以实现动态授权，根据属性值的变化获得最小权限管理模式。

在 ABAC 的框架下，实现流程需要由策略管理点（Policy Administration Point，PAP）进行策略定义，通过策略实施点（Policy Enforcement Point，PEP）获取相应的颗粒度权限，由策略执行点（Policy Decision Point，PDP）完成对第三方应用（客体）的细粒度授权控制。主体访问客体前进行单点登录，即身份验证，统一认证平台通过 PEP 获取动态细粒度的权限，对身份进行验证；访问代理通过 PEP 进行访问决策；决策通过后允许访问客体，客体再通过 PEP 获取动态的细粒度功能权限，从而实现细粒度授权的访问控制。ABAC 框架下的动态细粒度授权实现流程如图 9-9 所示。

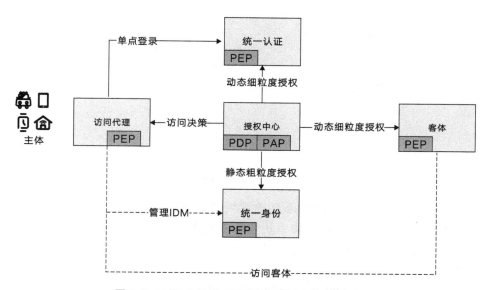

图 9-9　ABAC 框架下的动态细粒度授权实现流程

9.1.4 策略决策引擎

要完成基于 ABAC 细粒度的动态授权，需要完整的决策机制，目前可采用 XACML 模式与开放式策略代理（Open Policy Agent，OPA）模式。OPA 模式是基于 JSON 的表达方式，更简洁适用；而 XACML 模式是基于 XML 的表达方式，虽然复杂些，但其是 ABAC 最早的实现模式。两者都需要 PDP 策略决策引擎，策略需要事先在 PAP 中进行定义与配置，形成策略形式后再部署到 PDP 中，由 PDP 来完成响应 PEP 的请求，实现策略动态决策。

由 OASIS 提出的 ABAC 架构如图 9-10 所示。

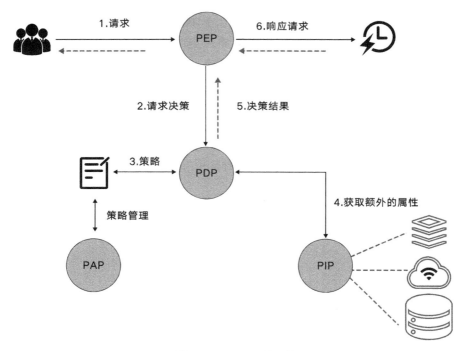

图 9-10　ABAC 的架构

由图 9-10 可见，用户如果要查看资源，PEP 首先要到 PDP 进行决策，PDP 执行 PAP 事先定义的策略，执行的策略中需要结合策略信息点（Policy Information Point，PIP）外部数据的引用，从而获得决策结果，PEP 根据结果决定是否允许用户查看资源。

ABAC 在 NIST 的 880-162 报告中也有相应的概念模型，主体请求访问客体，通过主体的属性、客体的属性、环境条件、访问控制策略等一起进行决策来决定用户是否有访问权限。

9.1.5　风险评估引擎

在 NIST 发布的《零信任架构》白皮书中包含 5 项假设和 4 项结论，如表 9-3 所示。

表 9-3　5 项假设和 4 项结论

5 项假设	4 项结论
1. 网络充满威胁； 2. 外部和内部的威胁充斥网络； 3. 不能仅靠网络位置来建立信任关系； 4. 所有设备、用户和网络流量都必须被认证和授权； 5. 访问控制策略应该是动态的，基于尽量多的数据源进行计算和评估	1. 需要验证用户； 2. 需要验证设备； 3. 限制访问与权限（最小权限）； 4. 自适应（动态策略）

针对结论中对最小权限和自适应的要求，需要细粒度和动态策略结合起来实现动态的访问控制，这正是 ABAC 优于 RBAC 的原因，RBAC 可以作为 ABAC 的一种特例存在。

要实现 ABAC 细粒度的动态授权，还需要增加风险评估引擎，这部分在零信任的实现部分有涉及，主要是解决在持续的访问中如何实现动态权限的变化，而不是登录决策后一直存在不变的访问权限，这就需要用户和实体行为分析。其主要功能是收集用户和实体的数据进行大数据分析和机器学习，用来找出一些安全问题，形成业务模式来触发策略评估机制，完成自我适应访问控制的调整。

零信任是持续自适应风险和信任评估体系中的组成部分，而持续自适应风险和信任评估中包括自适应的攻击防护和访问保护部分。应用用户和实体行为分析的技术，可以实现用户可信评估、终端环境风险评估、应用访问风险评估及应用 API 风险评估，提供不同风险评估结果。企业根据这些评估结果可以在访问或接入控制、API 网关等处进行动态的安全策略调整，结合策略决策引擎，实现自适应的安全访问。

基于用户行为分析构建的零信任架构概念，可以实现的业务模式如图 9-11 所示。

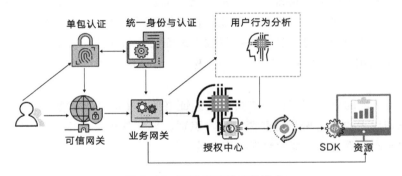

图 9-11　可以实现的业务模式

其中，授权中心由 ABAC 架构的组件构成，在访问中通过用户行为分析得到风险评估结果，进入策略动态决策，访问权限会根据终端环境、网络环境、用户行为、运行上下文的变化实现自适应的最小权限调整。

9.1.6　终端认证

终端认证包括用户和设备，通过终端访问受保护资源前需要完成用户和设备的身份认证，在访问期间也需要持续验证身份的合法性，通过用户的操作行为与环境的变化进行风险评估与动态决策，从而影响访问权限的大小。

终端认证需要统一身份与认证平台，而统一身份与认证是零信任架构组成的基础组件。企业有许多的资源和人员身份的管理，零信任不是针对某个资源的，而是所有需要受保护的资源，资源包含操作系统、数据库、应用、网络设备等。如果各个资源不集中管理，零信任中的主体身份就会存在问题，不符合零信任里主体的唯一性。零信任中的设备和用户可以分别拥有唯一标识，所以就要求用户在访问各个应用的时候其唯一的标识能够被各个资源所识别，这就需要由统一身份来进行统一的管理了。有了唯一的身份后，当进行身份识别的时候为避免不同资源存在多重的认证机制就需要提供统一的认证方式来进行资源保护，这就需要统一认证管理。

早期的统一身份管理系统是不管终端的，自从有了移动设备后，渐渐地也开始兼容对移动设备的基础管理。其实真正的设备管理要复杂得多，需要有一套独立的系统进行管理，包括程序安装或更新、内容分发、证书管理、远程控制和监控，以及用户行为信息收集等组件。由于只关心设备身份的标识，因此只要使用简单的证书标识就可以了，把设备注册和设备证书的管理作为组件额外增加到统一身份管理系统中，这样统一身份管理就具备了对设备身份识别的功能。

现有的认证机制是先连接后认证，意味着任何终端都可以与被访问的资源建立连接，这就存在着很大的潜在风险。被访问的资源对任何终端都是开放的，即便有不合法的终端来连接也是如此，而被访问的资源无法事先知道终端的合法性，存在被入侵和劫持的可能。在零信任下，网络的安全则要求先认证后连接，对于没有通过认证的终端将被拒绝而无法与被访问资源建立连接，其认证机制如图 9-12 所示。其中，细线表示非可信终端的访问，粗线表示可信终端的访问。

终端认证的方式有多种，支持传统的证书授权中心颁发的数字证书、多因子认证和线上快速身份认证联盟的生物识别。当设备和用户的身份同时完成认证后才允许建立连接，提供受保护资源的访问。

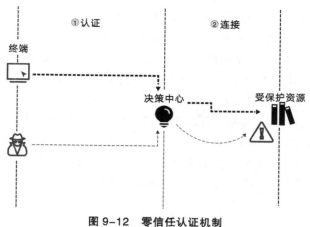

图 9-12　零信任认证机制

9.1.7　终端安全

一般来说，终端的安全由防火墙和杀毒软件来保障，现在的操作系统大多自带这些组件。在零信任中，这仅仅是基础保护，此外还包括应用控制和白名单，无文件恶意软件检测，漏洞利用预防和内存保护，基于文件的反恶意软件，库存、配置和漏洞管理组件。在 Gartner 的终端防护报告中这些组件属于端点保护平台（Endpoint Protection Platform，EPP）的范畴，旨在终端防止漏洞被利用、建立侵入阻止方法和避免受攻击。在此基础上增加了端点检测与响应（Endpoint Detection and Response，EDR）的威胁探测、异常检测和事件响应、行为分析组件，形成整个终端的安全防护，如图 9-13 所示。

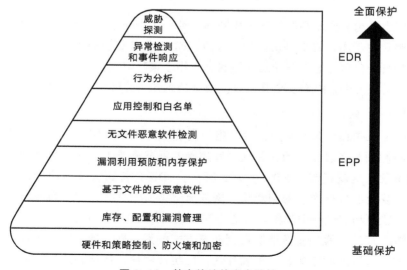

图 9-13　整个终端的安全防护

实际上零信任的终端安全远不止这些，由于还缺少可信部分，因此还需要增加系统信任保证、网络防火墙、可视性及微隔离、受限的物理及逻辑访问边界才算完整。这比较接近 Gartner 报告中对云工作负载保护平台（Cloud Workload Protection Platforms，CWPP）控制层（可以理解为在云端的服务终端）的描述，如图 9-14 所示。从上往下，重要程度逐渐增加，安全系数则逐渐降低，共分为 8 个类别，包括：反恶意软件扫描；具有漏洞屏蔽功能的主机入侵防御系统（Host Intrusion Prevention System，HIPS）；服务器工作负载 EDR 行为检测、威胁检测和响应；漏洞利用预防和内存保护；应用控制和白名单；系统信任保障；网络防火墙、可视性及微隔离；受限的物理及逻辑访问边界。

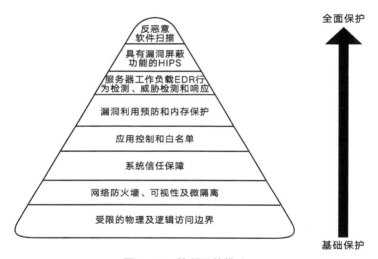

图 9-14 控制层的描述

作为终端安全需要的防护是相同的，唯一区别在于服务器工作负载 EDR 行为检测。由于用户终端是访问的发起方，EDR 不需要解决并发的问题，因此更多地是行为检测与感知终端的环境状态，用于策略响应。

从宏观上讲，终端安全其实就是由终端感知与终端防护两部分组成。

1. 终端感知

由于未知和持久性威胁，试图阻止所有攻击是不现实的，因此需要有工具能够检测漏洞和恶意活动，并且允许防御者根据需要采取适当的措施来隔离或遏制威胁。这就是需要 EDR 的原因所在。EDR 具备四大基本功能：安全事件检测、安全事件调查、遏制威胁、修复至感染前的状态，刚好对应自适应安全架构的检测和响应两个阶段。自适应安全架构的四个阶段如图 9-15 所示。

EDR 解决方案使企业能够做到部署方式的无关性，即任何方式都可以防止攻击并完成数据的收集、分析和评估，可实现用户、设备和应用程序活动的可见性，并在检测到异常活动时提供报告和直接干预。

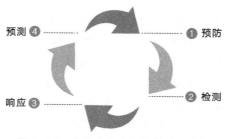

图 9-15　自适应安全架构的四个阶段

结合管理的检测和响应（Managed Detection and Response，MDR）服务可实现设备的预防、检测、响应、预测四个阶段，通过分析，设备可获得三种能力：自动恢复到以前状态；通过策略实现增强警报或生成脚本修复；通过策略实现设备全自动修复。

2. 终端防护

终端防护是终端安全的核心部分，由漏洞利用预防和内存保护，应用控制和白名单，系统信任保障，网络防火墙、可视性及微隔离几大类组成，分别解决不同类型的安全问题。

（1）漏洞利用预防和内存保护解决了运行中的进程安全问题。

（2）应用控制和白名单解决了应用的访问控制。

（3）系统信任保障解决了数据隐藏与镜像，数字证书、设备指纹、访问令牌、策略信息的安全存储。

（4）网络防火墙、可视性及微隔离解决了环境安全、链路安全和身份信息安全。

在 Gartner 的报告中，根据防护的不同程度将终端防护分为基础防护、高级防护、EDR、自适应的 EDR 四种模式，如表 9-4 所示。自适应的 EDR 模式能检测已知或未知的风险并及时调整应对策略，即便被感染了也能修复至正常状态。

表 9-4　终端防护的模式

基础防护	高级防护	EDR	自适应的 EDR
1. 文件扫描 2. 白名单/黑名单 3. 内存保护 4. 设备和应用控制 5. 防范数据泄露 6. 修补/合规性	1. 机器学习或行为检测 2. 识别会被漏洞利用的软件和系统管理员工具 3. 恶意网络活动和 C2 回拨模式检测和识别	1. 将端点遥测数据流式传输到服务器或云端 2. 查找未知遥控器和设备干预 3. 大数据分析 4. 威胁探测	1. 自动恢复和修复 2. 威胁情报 3.SOAR/API 集成 4. 即时响应

9.1.8 微隔离

隔离技术最早以硬件的防火墙为代表，目前还在使用。但硬件毕竟不太灵活，随着互联网、微服务的兴起，基础架构需要弹性扩展，就有了软件防火墙，可以按需部署，但这还是无法满足安全的需求。一方面，软件防火墙即便按需部署后还是静态的，不会根据流量的差异与内容的风险而自动调整；另一方面，经过防火墙的业务并非单一，存在多种业务，一旦被入侵导致南北向流量无法隔离，攻击者很容易在数据中心内部横向移动，造成网络瘫痪和经济损失。

微隔离（Micro Segmentation，MSG）技术伴随着解决安全问题而诞生，2017 年在 Gartner 的十一大顶级安全技术报告中榜上有名，它不仅解决了南北向的网络安全问题，也解决了东西向的应用安全问题，在一定程度上还解决了业务访问的负载均衡问题。

1. 南北向

南北向的安全就是每个业务的访问都有自己独立的访问线路而不受干扰，也就是线路隔离。可以将其想象成路由器，路由器根据访问目的选择不同的路由线路，当然实际并非这么简单，要想对每个业务的访问都形成独立的线路进行隔离，就需要在网络上实现虚拟网络和隧道，而虚拟网络和隧道的建立也是动态的，伴随着访问而产生和消失。

实际上，目前虽然有访问控制列表（Access Control List，ACL）、虚拟局域网（Virtual Local Area Network，VLAN）、基于 IP 的防火墙规则和云安全策略等针对南北隔离而实施，但是一来无法根据威胁感知进行策略动态，二来所提供的安全保障的颗粒度非常粗。正常情况下企业在同一个网段上会部署许多服务资源，很少只部署一个服务的，这就为入侵后横向移动带来了便利。当终端访问其中的一个服务时，即便对其他服务没有权限，由于在同一网段内也会导致其他服务很容易地被探测和攻击。因此，针对每个对外提供的服务就需要有独立的访问线路，包括独立的网段，这一切都是动态的，由动态策略根据终端、流量、服务的信息颗粒度来决定访问线路是否建立与销毁。

2. 东西向

应用程序已经从单体架构演变为基于微服务的架构，数据中心正在向分散的基础架构转变，部署已从物理服务器转移到虚拟机。这些因素共同导致数据中心的东西向流量激增，而容器和 Kubernetes 的使用更是雪上加霜。应用架构的演进导致数据中心东西向流量越来越大，而周边防御以南北向流量为主，对前者的检查往往被忽视。

（1）ACL、VLAN、基于 IP 的防火墙规则和云安全策略缺乏创建细粒度策略所需的应用程序内交互可见性，导致需要采用手动跟踪，这在操作上是不可扩展的。

（2）基于身份的细分让产品变得非常复杂，因为这些产品可以以不同的方式部署，每种方式在覆盖范围、漏洞保护和第三方集成方面各不相同。

东西向的安全就是要解决在同一个业务下终端访问安全的问题。由于南北隔离解决了访问服务的线路安全问题，因此东西向的安全就要解决同一业务下的安全访问，其实就是身份问题，可通过细粒度的鉴权方式和风险识别实现。基于身份的分段是一种安全技术，用于在网络中对工作负载进行逻辑划分，并将安全策略应用于单个工作负载或一组工作负载。策略可以基于非常精细的设置（不仅只有 IP 或端口），如标签、操作系统类型、应用程序特征都可以作为策略依据。可以为每个工作负载提供和定制分布式服务和细粒度策略，策略创建的细粒度方法可保护东西向或应用程序内交互。

理论上，可以通过部署更多的防火墙来实现细粒度的分割。但是，此方法成本高昂且会产生大量运营开销，而且无法扩展。目前市场上有不同的基于身份的分段解决方案，不同之处在于部署模型。在 Gartner 的报告中提到 3 种解决方案。

（1）基于代理的解决方案在端点上使用软件代理。端点代理监控和分析流入 / 流出主机的流量，以确定适当的细粒度策略并提供应用程序可见性。

（2）基于软件定义网络（Software-Defined Networking，SDN）的技术将所有网络硬件虚拟化，并将其控制集中为一个软件。它将流量管理工作从单个交换机和路由器转移到集中式软件，为网络设备提供基于策略的自动化。

（3）基于管理程序的产品是从硬件中抽象出网络和安全服务，并为每个虚拟机提供服务。它们在管理程序层嵌入网络和安全功能，使这些服务非常接近虚拟机操作系统（vNIC 级别）。

9.2 零信任架构的应用

零信任架构有很多应用场景，常见的有远程办公、基于公有云构建私有数据中心、数字化转型中保护终端用户的安全，以及用于防范勒索病毒和 APT 等。

9.2.1 远程办公

目前的远程办公基本采用 VPN 技术，而 VPN 的机制是先连接后认证，意味着任何终端都可以与被访问的资源建立连接，这就存在着很大的潜在风险。被访问的资源对任何终端都是开放的，即便有不合法的终端来连接也是如此，而被访问的资源无法事先知道终端的合法性，存在被侵入和劫持的可能。

传统办公存在的主要问题如下。

（1）用户和设备不能同时先认证后连接。

（2）受保护资源地址和端口无法隐藏。

（3）终端与资源没有独立的加密隧道。

VPN一直以来被企业用作远程访问内网应用服务的工具，当VPN认证通过后，内网的所有应用服务将暴露给访问者，这就存在一个问题：如果内网中存在A和B资源，当访问者只需访问A资源的时候，B资源同样被暴露给了访问者，即便访问者没有B资源的权限，也不妨碍访问者与B资源建立连接。如果要解决这个问题，就需要先认证后连接的解决方案。零信任网络安全方案中会通过可信网关屏蔽所有非访问的资源，访问者只能访问可以被访问的资源。以前面的例子来说，如果访问者需要访问A资源，在零信任网络安全下访问者的身份认证通过后只有A资源对其可见，B资源是不可见的。零信任网络连接示意图如图9-16所示。

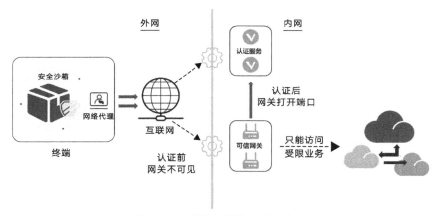

图 9-16　零信任网络连接示意图

与VPN相比，零信任网络具有以下优势。

（1）安全性高，具有隐身、最小权限、持续认证的特点。

（2）速度快，开销小。

（3）管理维护简单。

（4）成本基于软件配置而定。

9.2.2　私有数据中心

私有数据中心（Private Data Center，PDC）需要高度的安全来保障，而传统的数据中心在运营中经常会遇到以下问题。

（1）数据中心内所有资源对外没有隐藏。

（2）用户和设备身份没有完成统一认证。

（3）受保护资源没有统一身份管理。

（4）用户和设备没有同时认证。

（5）受保护资源地址和端口没有隐藏。

（6）终端与资源没有建立独立的加密隧道。

（7）没有用户行为分析与动态授权，无法根据外部信息实现访问权限控制。

　　要解决以上问题，企业私有云中数据中心的网络环境需要与外部访问环境完全隔离，实现资源的全部隐藏，用户和设备认证通过后才允许建立唯一的加密访问安全通道。零信任的 SDP 可以解决访问连接的问题，结合身份治理与用户行为分析可实现动态授权机制，从网络安全到应用安全最大限度保护数据中心的安全。零信任下的 PDC 安全访问示意图如图 9-17 所示。

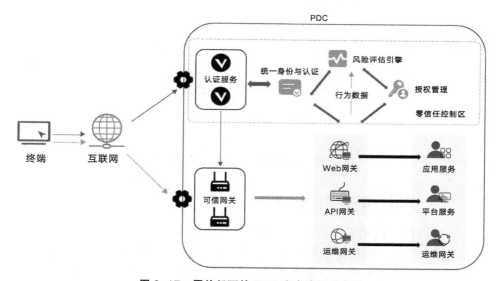

图 9-17　零信任下的 PDC 安全访问示意图

9.2.3　数字化转型

　　企业的数字化转型是从传统的内网模式转向互联网模式，而互联网是完全开放的，安全性较低，企业的业务要在互联网模式下完成，需要解决以下几个问题。

（1）用户和设备需要完成统一身份认证。

（2）受保护资源需要统一身份管理。

（3）用户和设备要同时认证。

（4）受保护资源地址和端口要隐藏。

（5）终端与资源要建立加密隧道。

（6）要有用户行为分析与动态授权，根据外部信息实现访问权限控制。

（7）使用微隔离技术实现流量的负载均衡与隔离，防止横向入侵与感染。

通过零信任技术可解决以上问题，可充分整合零信任的各个组件，由于在云端涉及各个不同的云服务与安全，因此每个云服务都要有安全机制，也就是基于云服务端的 EDR，并基于微隔离实现流量的负载均衡与隔离。零信任下的互联网访问示意图如图 9–18 所示。

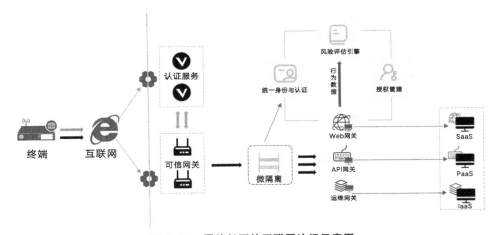

图 9–18　零信任下的互联网访问示意图

9.2.4　勒索病毒和 APT 的防范

现在网络上的勒索病毒和高级持续性威胁（Advanced Persistent Threat，APT）层出不穷，给企业带来极大的安全隐患和成本费用支出，原因在于病毒或探测的方式多种多样，多数来自邮件、网页、U 盘、网络机器的访问，主要有以下几个问题。

（1）终端接入不安全，无法识别终端与用户的身份。

（2）提供服务的资源网络无法隔离，一个资源被入侵会影响其他资源也被入侵或无法访问。

（3）网络不安全，访问容易被探测，受到 APT 攻击而感染病毒。

（4）服务内容不安全，容易感染病毒。

（5）账号被盗，用户资源被入侵和劫持。

零信任技术可以全面解决以上问题。

在网络安全方面，终端需要使用 EDR、安全沙箱、先认证后连接 3 种不同的技术，分别实现终端行为动态感知、运行环境隔离、终端访问连接前先认证。与用户认证相结合，可以保障终端的身份安全，即便账号被盗在其他机器上也无法登录。增加了多因子认证的生物识别技术后，在同一台机器使用相同的账号也无法登录，确保了终端与用户身份的真实可信。

网络微隔离技术的应用使终端访问资源的网络不再是共享模式，通过南北向、东西向流量隔离，实现了端到端的虚拟网络连接和内容的分段安全检查与处理，解决了网络安全和数据安全问题，即使有资源被感染，也不会影响其他资源的正常使用。

在资源安全方面，结合终端行为动态感知、访问内容和最小权限的持续访问持续认证，资源即便被入侵，也会及时被发现并进行清理和自我修复，恢复至被入侵前状态，实现自适应模式，确保资源的安全。

零信任下的安全访问可以有效防范勒索病毒和 APT，为企业提供全面的零信任一体化解决方案。零信任下的安全访问示意图如图 9-19 所示。

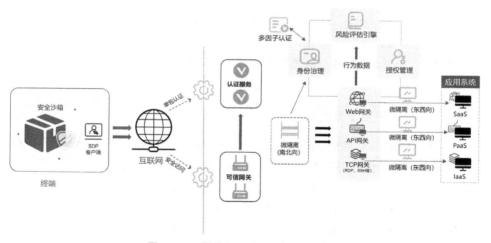

图 9-19　零信任下的安全访问示意图

第 10 章　身份和访问控制管理的趋势

本章主要阐述身份和访问控制管理的趋势，包括公民身份管理、基于区块链的自主身份管理、身份和访问控制管理的智能化，以及身份隐私保护技术的发展。

10.1　公民身份管理

随着数字化的推进，我国信息安全相关的管理部门推出了公民数字身份标准，标准主要有两个，一个是网络电子身份标识（eID），另一个是居民身份网络可信凭证（CTID）。两个标准各有特点，eID 偏向于硬方案，CTID 偏向于软方案。

10.1.1　网络电子身份标识

数字身份是互联网安全的基石，目前普遍采用"姓名 + 公民身份号码"或"姓名 + 实名制手机号码"来代表公民的线上身份，虽然起到了唯一区分线上主体的作用，但缺乏对个人信息的有效保护，容易造成个人信息泄露，进而引发身份盗用、账号窃取，以及电信和网络诈骗等事件。因此，建设既能保护个人信息安全又能适应网络社会数据开放和流通需求的统一数字身份体系势在必行。

公安部第三研究所于"十二五"期间承担了国家"863 计划"网域空间身份管理等信息安全重大专项，推出了网络电子身份标识（electronic Identity，eID）技术并形成了相关标准体系。从我国数字身份发展的需求出发，结合科研成果和近年在该领域的实践和理论研究，依据《中华人民共和国电子签名法》《中华人民共和国网络安全法》《中华人民共和国民法典》和《最高人民法院、最高人民检察院关于办理侵犯公民个人信息刑事案件适用法律若干问题的解释》（法释〔2017〕10 号）等法律法规要求，推出《eID 数字身份体系白皮书（2018）》

eID 数字身份是以公民身份号码为基础，由公安部公民网络身份识别系统基于密码算法统一为中国公民生成的数字标记，在确保签发给每个公民的数字身份唯一性的同时，可以减少公民身份明文信息在网上的传播。

下面对 eID 数字身份体系的特点和技术实现进行简要阐述。

1. eID 数字身份体系的特点

（1）eID 以个人信息保护为首要原则，将公民身份信息转化成去身份化和碎片化的个人标记，防止公民个人信息泄露和大数据精准画像，保障公民的生活安宁、财产和人身安全。

（2）在全面研究分析我国主流身份认证技术及应用的基础上，通过引入 eID 数字身份构建全国统一数字身份体系，包容各种数字身份认证技术并实现认证互通。

（3）分别对 eID 数字身份颁发过程和 eID 数字身份认证过程的安全可靠程度分级，构建 eID 数字身份体系框架。

（4）旨在推动我国数据的开放和流通，促进我国数字政府、数字经济发展，建设网络强国。

（5）eID 采用软硬件结合的解决方案，目前 eID 载体支持银行卡、SIM 卡、SIM 贴膜等载体。

2. eID 的技术实现

（1）用户拥有唯一的 eID 编码。

公安部公民网络身份识别系统向用户签发 eID 时，会以用户个人身份信息和随机数计算出一个唯一代表用户身份的编码——用户的网络身份标识编码（eIDcode）。该编码不含任何个人身份信息（与二代身份证不同），且不可逆推出个人身份信息。

（2）身份权威认证。

用户使用 eID 通过网络向应用方出示数字身份时，应用方会通过连接公安部公民网络身份识别系统的运营和服务机构，请求验证核实用户网络身份的真实性和有效性。

（3）避免隐私泄露。

一旦用户的身份通过验证，应用方会得到一个与该应用唯一相对应的、用户在该应用中的网络身份应用标识编码（appeIDcode）。因此，虽然用户拥有唯一的网络身份标识编码，但在不同的应用机构只能得到不同的网络身份应用标识编码，从而避免用户在不同网络应用中的行为数据被汇聚、分析和追踪，最大程度地保护个人身份和隐私信息。应用方调用 eID 的过程如图 10-1 所示。

根据公安部要求，目前签发 eID 卡需要具备以下条件。

（1）具有众多的办公网点。

（2）具有当面验证用户身份的能力。

（3）愿意承担一定的 eID 卡制作成本。

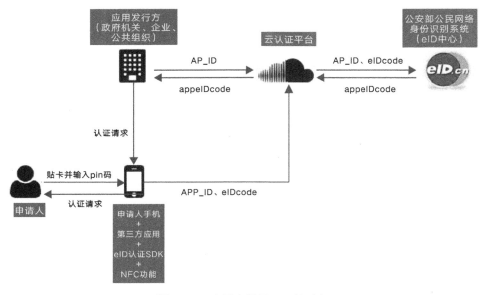

图 10-1   应用方调用 eID 的过程

（4）具有良好的公众信任度。

（5）具有 7×24 小时服务能力。

（6）通过公安部授权。

根据上述条件，各大银行、三大通信运营商等机构适合申请成为 eID 卡的签发单位（eID 证书信息中包含发卡的机构代码）。目前已授权的签发单位包括中国工商银行、中国建设银行、北京银行、北京农商银行、上海银行、中国联通等。

10.1.2   居民身份网络可信凭证

"互联网 +"可信身份认证平台（CTID 平台）是为支撑国家"互联网 +"行动计划，在中央网信办、国家发改委和科技部的支持指导下，公安部领导下组织建设的"互联网 +"重大工程基础保障类项目，为各行业提供权威、可信、安全、便捷的网络身份认证服务。

居民身份网络可信凭证（Cyber Trusted Identity，CTID）是由 CTID 平台签发给个人的权威网络身份凭证。个人在进行网络活动时，使用 CTID 代替身份信息进行认证，可有效保护个人隐私。CTID 基于公安部法定身份证件制证数据，采用国密算法，由 CTID 平台对法定身份证件所承载的身份信息进行脱敏、去标识化处理，统一生成不可逆、不含明文信息，且与法定身份证件一一映射的数据文件，能够在不泄露身份信息的前提下实现在线身份认证。CTID 的标准体系和架构如图 10-2 所示。

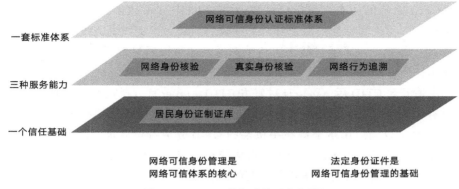

图 10-2　CTID 的标准体系和架构

　　CTID 平台坚持安全可控和国产化，采用高性能、高并发的系统架构，统筹兼顾系统的先进性、安全性、稳定性、高效性和可扩展性，实现了海量身份证数据的分域存储和脱敏应用。CTID 的技术架构如图 10-3 所示。

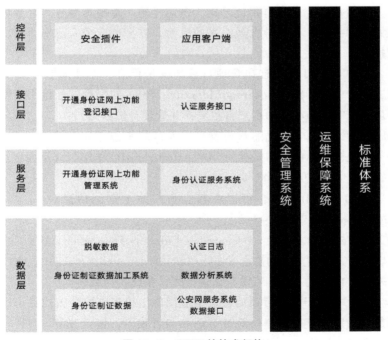

图 10-3　CTID 的技术架构

　　2017 年，公安部第一研究所成立中盾安信公司，并授权中盾安信为 CTID 平台唯一合法的运营服务商，为各行业提供权威、可信、安全、便捷的网络身份认证服务，为我国"互联网＋行动战略"提供强有力的支撑保障。

　　CTID 由公民凭本人身份证件通过官方 CTID App 或经授权的第三方可信 App 开通，将现实社会的法定身份关系映射到线上，实现线上线下的身份融合和管理一体化。除了通过线上手机端开通，还可以通过部署在政务服务大厅、街道派出所、地铁站等场所的可信终端设备开通。

　　申请开通 CTID 后，可以通过官方 CTID App 或官方授权的 App 把 CTID 下载并存储到手机端。当在办理互联网＋政务、酒店入住等需要在线认证身份的时候，就可以通过出示下载在手机端的 CTID 完成身份认证。因为 CTID 不含身份证真实信息，传输过程中不会造成隐私泄露。这种身份认证方式既便捷高效，又可大幅减少网络中身份信息被第三方滥用的现象。

10.2　自主身份管理

　　通常用户的数字身份由服务提供方管理。例如，需要向访问的互联网网站注册个人身份信息，包括身份证号码、电话号码、邮箱等信息。这些信息由于被互联网公司拥有，存在被大量滥用的风险，容易造成个人隐私泄露，进而被频繁骚扰。

　　那么用户是否可以拥有和管理自己的身份信息，无须向服务提供方注册呢？自主身份管理（Self-Sovereign Identity，SSI）的宗旨就是将用户置于数字身份管理和控制的中心，由用户自主掌控并管理身份数据。

　　SSI 的本质是去中心化的身份管理，而区块链技术正是去中心化的架构，于是基于区块链技术的分布式身份（Decentralized ID，DID）应运而生。

　　目前 DID 主要的标准如下。

　　（1）W3C 的 DID 标准，可以在其官方网站上查询信息 https：//w3c-ccg. github.io/did-primer［2022-8-2］。

　　（2）分布式身份基金会（Decentralized Identity Foundation，DIF）的 DID 标准，可以在官方网站上查询信息 https：//identity.foundation/#about［2022-8-2］。

　　有关 DID 的描述在 7.3 节中有详细描述，在此不再赘述。

　　虽然 DID 相对于数字货币的区块链应用冷门很多，但分布式身份还是一个有应用前景的区块链应用。目前 DID 的参与者较多，包括 IBM、微软等知名企业都参与到标准制定中。

　　目前比较有名的 DID 区块链项目有 Microsoft DID、Sovrin、uPort、Evernym、Civic 等。

　　自主身份基于区块链技术，通过区块链的特性使得自主身份管理成为可能，基于区块链的 SSI 技术架构如图 10-4 所示。

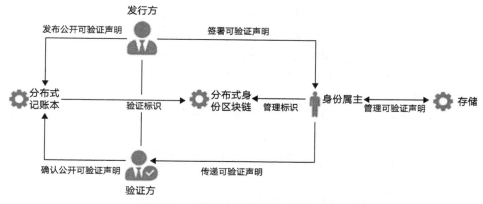

图 10-4　基于区块链的 SSI 技术架构

　　在去中心化的区块链方式下，个人完全拥有身份信息，身份的验证方只有在获取个人同意的情况下，才向区块链进行身份验证。

10.3　身份和访问控制管理的智能化

10.3.1　身份认证的智能化

　　身份认证的智能化（从静态认证转向智能认证）是身份和访问控制管理的发展趋势之一。

　　传统的身份认证仅限于用户出示的用户凭证。在智能化身份认证场景下认证数据将不再限于用户凭证，而是将上下文、环境、风险、分析纳入安全认证引擎中。智能化认证过程如图 10-5 所示。

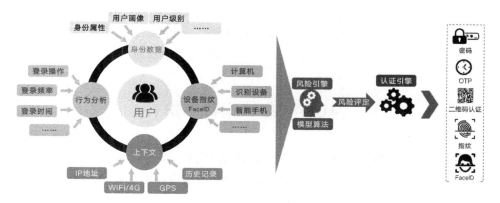

图 10-5　智能化认证过程

智能化的身份认证将访问设置、访问时间、访问地点和行为都作为风险因子来进行分析。常见的风险分析的因子如下。

（1）身份数据：包括用户身份属性、用户画像、用户关联的各项信息。

（2）登录的环境：包括设备的类型、操作系统的种类和版本、浏览器的种类和版本等。

（3）登录的上下文：包括常用登录地点的变化、IP 网段的变化、使用的网络连接类型的变化等。

（4）行为模式：包括登录的时间、操作的行为模式、输入密码的方式、鼠标的移动等。

这些风险因子数据通过大数据方式进行收集，通过算法进行风险评估，当检测到风险增高的情况时，认证引擎将认证级别升级，要求用户提供进一步的认证（如手机扫码、人脸设备），从而可以智能地降低身份泄露、身份窃取带来的风险。

10.3.2　持续自适应风险和信任评估

持续自适应风险和信任评估是安全认证的一个重要的发展方向。在持续自适应风险和信任评估中身份认证不再是一次性的身份验证，而是持续风险评估和验证，这个思想与零信任的"永不信任，持续验证"不谋而合。持续自适应风险和信任评估的应用场景包括恶意代码检测、机器人检测、设备标识、用户行为分析和交易监控。

持续自适应风险和信任评估的实现首先需要收集所有数据，通常存放在大数据平台中，再通过算法进行集中决策；然后从仅关注用户登录过程风险到整个用户访问过程的风险评估是一个重要趋势；最后定义客户访问的每个事件的风险阈值，并且寻找信任保障，及时采取阻断访问或要求客户出示更多的验证。

此外，智能化场景还包含身份信息的监控和修复、孤立账号的检查和移除、特权账号的发现等。例如，员工离职了但身份信息没有及时删除、员工的权限授予过大、员工过度获取非业务需要的数据等。通过持续自适应风险和信任评估的风险分析可以纠正这些问题，从而自动清除不当身份和不当授权。

10.4　身份隐私保护

在数字化世界中，身份信息的泄露越来越严重，危害每个人的安全。因此，隐私保护变得越来越重要。本节讨论隐私保护的前沿技术和应用，包括零知识证明、全同态加密及隐私保护计算。

10.4.1 零知识证明

我们来看一个场景。政府规定公民不满 18 周岁不能购买香烟，因此商家会要求购买者出示身份证件，但从保护隐私的角度看，用户不想让商家知道自己的出生日期。解决在不泄露购买者出生日期的情况下，满足商家判定购买者已满 18 周岁，这个就是零知识证明的典型案例。

零知识证明（Zero-Knowledge Proof）是在 20 世纪 80 年代初提出的。它是指证明者能够在不向验证者提供任何有用信息的情况下，使验证者相信某个论断是正确的。零知识证明实质上是一种涉及两方或更多方的协议，即两方或更多方完成一项任务所需采取的一系列步骤。证明者向验证者证明并使其相信自己知道或拥有某一消息，但证明过程不能向验证者泄露。大量事实证明，零知识证明在密码学中非常有用。

如果能够将零知识证明用于身份验证，将可以有效解决许多隐私保护问题。

零知识身份认证还处于初级阶段，目前有多种零知识认证的实现方法，包括 Schnorr 机制、Feige-Fiat-Shamir 零知识身份识别协议，以及区块链智能合约技术。

10.4.2 全同态加密

随着云计算的发展，越来越多的 SaaS 系统被采用，如 Salesforce 的 CRM、Workday 的人事管理系统。在这些系统中，保存着大量的用户隐私信息，包括客户的姓名、电话号码、家庭地址，员工的薪酬、学历等。为了保障这些信息的安全，可以对这些信息进行加密。但是，当加密了这些信息后，由于计算机系统还需要将这些信息用于计算，将无法得出正确的计算结果。

如何既保护隐私又能完成统计、计算和分析呢？答案就是同态加密。

同态加密是 20 世纪 80 年代提出的一种能保护数据隐私的加密算法。2009 年 IBM 的 Craig Gentry 首次提出全同态加密。

假设有一个加密函数 f，把明文 A 变成密文 A'，把明文 B 变成密文 B'，即 $f(A)=A'$，$f(B)=B'$。还有一个解密函数 f'，能够将用 f 函数加密后的密文解密成加密前的明文。

对于一般的加密函数，如果将 A' 和 B' 相加，得到 C'，用 f' 对 C' 进行解密，得到的结果一般是乱码。但是，如果 f 是一个可以进行全同态加密的加密函数，对 C' 进行解密得到结果 C，这时候的 $C=A+B$。这样，数据处理权与数据所有权可以分离，企业就可以在防止自身数据泄露的同时，利用云服务的算力。

在用户隐私权越来越受重视的今天，全同态加密技术在大数据和人工智能领域将扮演越来越重要的角色。全同态加密的基础密码学理论目前已经足够成熟，而全同态加密具体落地的一大瓶颈就是硬件算力，解决这个瓶颈需要设计专用的加速芯片。从最底层的运算来看，全同态加密运算中主要的算子在常规的乘法和加法之外，还有移位（Rotation）和数论变换（Number Theoretic Transform，NTT）。移位和 NTT 需要的算力远大于乘法和加法的算力需求，另外，如果需要全同态加密的执行速度和未加密的执行速度一样快，则这些算子的执行速度需要提升 4000～16000 倍不等。因此，在算子层面，全同态加密技术加速芯片首先需要能很好地支持和优化移位、NTT 等传统 CPU 优化不够的算子，同时在执行速度方面需要大大超越传统的 CPU，其加速比在 10000 倍这个数量级。

10.4.3　隐私保护计算

隐私保护计算（Privacy-Preserving Computation）这些年受到高度关注。它是指在提供隐私保护的前提下，实现数据价值挖掘的技术体系。面对数据计算的参与方或意图窃取信息的攻击者，隐私保护计算技术能够实现数据处于加密状态或非透明状态下的计算，以达到各参与方隐私保护的目的。隐私保护计算并不是一种单一的技术，它是一套包含人工智能、密码学、数据科学等众多领域交叉融合的跨学科技术体系。

隐私保护计算本质上是在保护数据隐私的前提下，解决数据流通、数据应用等数据服务问题。

隐私保护计算的理念包括"数据可用不可见，数据不动模型动""数据可用不可见，数据可控可计量""不共享数据，而是共享数据价值"等。

根据目前市场上隐私保护计算的主要相关技术，可分为基于协议的安全多方计算、基于现代密码的联邦学习、基于硬件的可信执行环境。

区块链将成为隐私保护计算产品中的重要技术，区块链在实现数据安全合规、合理的有效使用方面具有以下优点。

（1）区块链采用了数字加密算法技术，用户无法获取具体的交易信息，验证节点只能验证交易的有效性而无法获取详细的交易信息，从而保证交易数据安全，并且可实现用户、业务、交易对象等不同层次实现数据和账号的隐私保护设置，最大程度地保护数据的隐私性。

（2）区块链采用分布式存储方式，所有节点都存储着一份完整的数据，任何单个节点想修改这些数据，其他节点都可以用自己保存的备份来证伪，从而保证数据不被随便地篡改或删除。此外，区块链中所使用的非对称加密算法、哈希算法能够有效保障数据安全，防止泄露。

（3）区块链可以保障隐私计算过程的可追溯性。数据申请、授权、计算结果的全过程都在区块链上记录与存储,链上记录的信息可通过其他参与方对数据进行签名确认的方式,提高数据可信度,同时可通过对哈希值的验证匹配,实现信息篡改的快速识别。

区块链的特性与隐私保护计算结合,使原始数据在无须归集与共享的情况下,实现多节点间的协同计算和数据隐私保护。区块链确保计算过程和数据可信,隐私保护计算实现数据可用而不可见,两者相互结合,相辅相成,能够实现更广泛的大数据应用。

附录 A　身份和访问控制管理案例

A.1　某大型核电企业身份和访问控制管理案例

A.1.1　项目背景

随着企业内部信息化项目建设的不断深入，应用系统不断增多，企业员工往往需要进入多个应用系统才能获得自己工作所需的完整信息。每个应用系统都有自己独立的账号和密码，不仅造成用户记忆负担，重复输入账号和密码也会影响工作效率；另外，员工需要登录不同的应用系统中进行待办任务处理，影响了事务处理的及时性和工作效率。

从信息技术层面看，分散式的账号管理和登录认证对系统运维造成巨大挑战，应用系统间集成困难，无法适应信息系统大规模应用；从信息安全角度看，统一的账号管理和登录认证可以进一步提高应用系统的安全性，降低安全和合规风险。

本项目的总体目标是：通过技术手段，建立统一规范的应用系统账号管理流程和管理体系，实现对应用系统账号的全生命周期管理，提供一个更加自动化、安全、可审计、灵活的身份管理系统，降低系统建设与集成的复杂性和成本，提高信息系统的安全防护能力；同时实现应用系统单点登录，使用户可从一个系统平台跳转至各应用系统，无须多次输入账号和密码，提高了工作效率。通过建立统一的待办中心，把员工在各系统的待办信息统一到待办中心，用户只要登录到统一的待办中心平台，就可以了解所有的待办信息并且进行待办的审阅和审批工作。

A.1.2　项目需求

本项目的目标是建立统一身份认证和待办任务集中处理平台，建立信息系统统一认证、授权、单点登录标准框架及规范，以最终实现企业内部各标准信息系统间的单点登录、统一用户账号身份信息管理及用户待办任务处理。

统一身份认证和待办任务集中处理平台建设包括以下方面。

（1）建立用户账号身份信息及组织机构信息数据库、用户账号身份及组织机构信息管理平台及自助服务。

（2）以人力资源管理系统为数据源，建立用户账号身份信息及组织机构信息数据库、AD、TDS（IBM Tivoli Directory Server）和各试点系统间的用户账号身份信息及组织机构信息同步机制。

（3）实现与 BMC 工单系统的接口，以获取 BMC 工单系统发布的账号申请表单信息中的申请类型（如创建、变更、停用）、部门、申请人员、身份证号码、员工编码、代理申请人员、系统授权信息、系统角色等信息。系统应具备自动或手动触发任务给各应用系统管理员进行业务授权与完成情况反馈的功能。

（4）信息系统统一认证、授权、单点登录标准框架。

（5）试点系统（包括本项目建设的平台）接入上述标准框架，实现统一认证授权单点登录。

（6）试点系统任务集中展现及处理平台，接受业务系统中的待办信息，并且按照不同的用户进行待办分类，不同的用户登录到待办中心，系统会按各用户的角色提供集中的待办服务。

（7）统一待办数据标准服务框架。

A.1.3 解决方案

本项目的系统架构如图 A-1 所示。

该系统主要分为认证中心、身份管理中心、待办中心、个人工作台四部分。

其中，认证中心负责实现认证，支持包括基础密码认证、动态密码认证、数字证书认证和第三方身份认证等安全认证，可支持 LTPA、OAuth 和 SAML 等多种单点登录实现方式。通过认证中心，实现和现有应用系统的单点登录集成，提供专门的单点登录入口。同时，在认证中心上提供用户自助服务和访问日志记录等工作。

身份管理中心负责实现账号的全生命周期管理，主要功能模块包括组织管理、账号管理、流程审批、审计管理、平台配置、角色管理等。统一身份管理需要实现和人力资源管理系统的组织和人员的接口，和各外围系统之间关于组织和账号管理的接口，和任务集中处理之间关于待办集成的接口等。

待办中心的主要功能模块包括待办管理、待阅管理、待办同步、提醒设置、待办分组和统计分析，后台需要通过 ESB 平台实现和外围系统之间的待办集成。外围系统采用主动推送的方式将待办信息发送到任务集中处理平台。

个人工作台根据当前登录用户可访问的应用列表、个人待办列表、日程管理及通知公告等提供相关接口。在应用列表中，用户可以方便快捷地访问有权限访问的应用，点击应用图标时，可实现单点登录进入系统；在个人待办列表

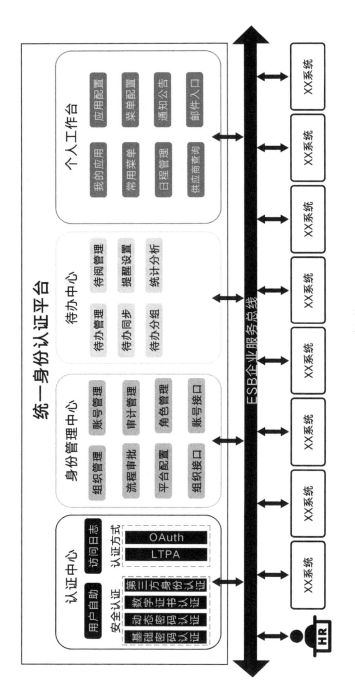

图 A-1 系统架构

中，用户点击待办链接时，将直接通过 URL 单点登录到原系统中查看并处理待办信息。

A.1.4　项目收益

本项目收益如表 A-1 所示。

表 A-1　项目收益

编号	功能点	上线前	上线后
1	自动创建人员账号	管理员手工创建各类账号	① 最快 15 分钟完成 ② 系统全部自动创建
2	员工入职流程	管理员手工创建	系统自动创建 AD、邮箱等账号
3	员工离职流程	管理员手工删除	系统自动禁用账号，90 天后自动删除
4	账号密码重置	热线工程师协助处理	员工自行重置
5	单点登录	无单点登录功能	单点登录
6	审计报告	无法统计访问量，无法审计用户管理员行为	可以审计用户及管理员的访问、操作，并能按时间统计各系统的访问量
7	统一账号管理	垃圾账号多	无垃圾账号
8	统一待办	用户系统过多，用户需要到每个业务系统进行不同的待办处理	用户可在个人工作台中进行集中待办处理，工作效率大大提高

A.2　某大型汽车制造企业 C 端身份和访问控制管理案例

A.2.1　项目背景

随着 5G 技术和人工智能的快速发展，人们对于车辆的需求早已发生了天翻地覆的变化，为了能给客户带来更优质的体验，收集用户的真实需求和反馈，先后推出了面向 C 端用户的小程序、微信公众号、会员系统、售后系统等，由于 C 端各应用系统是在不同时期、根据不同需求、由不同厂商来开发实施的。加之验证方式发展迅速，适配新的验证方式需要每个应用各自开发，成本大。同时旗下多品牌车辆对应的 C 端应用也不一样。但是从集团角度考虑，为了更好地精准营销，希望打通两大品牌的消费者体系，因此急需通过建立一套可靠的用户认证服务系统，以提升用户体验。项目背景如图 A-2 所示。

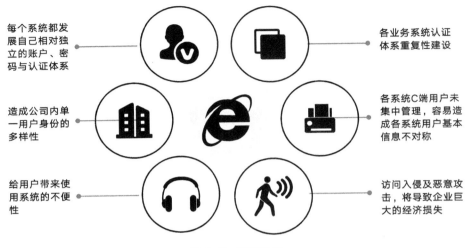

图 A-2　项目背景

由于逐步上线的各个 C 端系统都是针对某一特定领域，系统之间没有建立起有效的信息互通机制。随着系统使用时间的增加，数据量越来越大，导致每个应用系统逐渐发展成了一个个"信息孤岛"。当想实现精准营销时，无法确认 A 系统中的用户和 B 系统中的用户是否为同一个人，诸多弊端也逐渐显现。

（1）C 端系统大都采用"用户名 + 密码"的方式实现登录认证，随着网络技术的发展，这种方式的认证极易被盗用，从而带来信息泄露的风险。

（2）多个 C 端系统上线后，用户登录应用系统频繁地输入用户名和密码，导致用户体验性极差。

（3）多个 C 端系统分别对自己的账号进行审计，使得企业不能掌握多个 C 端系统的整体使用情况。同时，由于同一个人可能在不同的 C 端系统拥有不同的账号，这给企业对个人的审计统计带来困难。

（4）多个 C 端系统发展自己相对独立的账号与认证体系，造成单一用户身份的多样性，给用户带来使用系统的不便性，对后续用户行为分析和业务价值带来困难。

（5）随着互联网的快速发展，抖音、知乎等平台汇聚大量用户，由于认证方式单一，不便于企业用户引流。

A.2.2　项目需求

本项目的目标是建立某集团 C 端用户统一管理认证平台，通过部署 C 端用户统一管理认证平台来真正实现企业 C 端用户注册和认证的集中管理，实现企业 C 端资源统一协调管理，增强数据的可靠性、安全性和高效性。以降低各系统间协同操作的复杂程度、降低各系统分散管控风险及认证统一集中管理为主要目的，提高企业 C 端用户体验。项目目标如下。

（1）统一的用户登录方式。以手机号码为身份识别主键，提供多种主流登录方式，如邮箱、验证码、扫二维码、第三方平台（如微信、微博、支付宝、抖音、知乎等）。

（2）增强安全性，多重认证保护。在零感密码的基础上，提供基于风险的安全认证策略，保证用户便捷的同时加强安全性。

（3）简化管理。各 C 端系统不需要重复建设用户认证体系，用户身份识别认证数据与业务数据分离。

（4）数字身份与数据分析，统一用户行为分析。通过用户统一的唯一标识可以进行多维度的用户画像和大数据分析。

A.2.3　解决方案

本项目有统一的 C 端用户身份认证中心，为前端应用提供数据支撑。本项目的系统架构如图 A-3 所示。

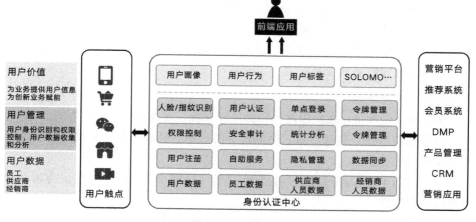

图 A-3　系统架构

本项目的主要功能包括以下几部分。

1. 统一注册中心

（1）构建一套完善的注册体系。用户可以通过多种方式进行注册，注册后的用户进入 C 端用户管理平台，为用户认证提供数据支撑。注册时需要考虑便捷性和安全性。

（2）多渠道接入。C 端用户需要考虑用户引流，因此需要支持多种方式注册，除了常规的用户名 / 密码和手机号码之外，该系统还支持微博、抖音、支付宝、微信、QQ、小红书、知乎等认证方式接入，并预留接口，为后期其他认证体系的接入做准备。

2. 统一认证中心

统一认证中心主要实现的是保证系统的安全性，基于个人信息保护法规，对消费者数据进行分库分表存储，核心数据进行加密存储。同时在登录端也充分考虑其安全性，核心功能如下。

（1）更换设备登录，需要更高强度认证。

（2）地点快速变换，需要更高强度认证。

（3）频繁多次登录，需要更高强度认证。

3. 统一身份中心

构建集团统一消费者身份管理中心，实现两大品牌间的身份数据互通有无。该部分主要实现的是前期数据的融合，因为集团内部已经积累了大量的消费者数据，如何对其合并管理成为核心功能之一。

（1）按照身份证号码或手机号码等可作为唯一标识的信息进行自动化合并。

（2）合并剩下的，按照注册的其他信息进行合并。

（3）剩余无法合并的账号就要基于业务要求进行合并。例如，3 个月内，利用同一设备经常登录的，可认定为同一个账号，然后进行合并。

（4）通过业务层面进行合并。例如，通过赠送积分等方式让用户自行完善信息，从而确保能顺利合并。

4. 统一审计中心

该部分主要对用户在应用内的行为进行分析，形成相应的审计数据。

（1）登录审计。通过对用户访问行为的分析，判断是不是合法用户，进一步确保账号的安全性。

（2）访问审计。通过应用内的访问分析，对用户进行标签管理，为精准营销提供数据支撑。

（3）僵尸账号审计。对 6 个月以上无登录行为的账号，采用首次登录时的安全认证方式，确保该账户为本人操作。

实现效果如图 A-4 所示。

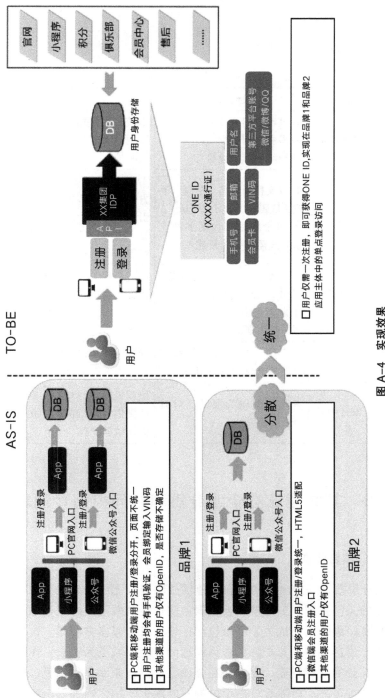

图 A-4 实现效果

A.2.4 项目收益

本项目收益如表 A-2 所示。

表 A-2 项目收益

编号	功能点	上线前	上线后
1	统一注册中心	① 多种注册方式 ② 多种注册页面 ③ 未考虑其安全性	① 统一注册页面，提高集团整体形象 ② 注册安全，确保注册账号都是有效账号
2	多触点接入	① 仅支持用户名 + 密码、手机验证码等少数方式登录 ② 每个应用接入更多种登录方式需耗费大量成本	① 统一登录页面、支持更多登录方式，进一步提升用户体验和账号引流 ② 如需接入更多认证登录，仅一次变更即可
3	统一安全认证中心	每个 App 都有自己的认证，更多从业务的角度考虑，并未考虑其安全性，面临用户数据泄露的风险	通过分库分表、加密存储、多因子认证、智能风险评估、弱密码检测等多种方式让认证简便的同时提高整体安全性
4	统一账号管理中心	多应用、多账号，对集团实现精准营销造成阻碍	确保一个用户在集团只有一个账号，为后期精准营销做好支撑
5	统一审计中心	审计数据较为混乱，对其分析价值不大	形成统一审计中心，在为系统安全性提供保障的同时，也为精准营销提供数据支撑

A.3 某大型证券企业身份和访问控制管理案例

A.3.1 项目背景

金融身份数据是金融机构最有价值的战略资源之一，是数字化转型和金融科技创新的关键要素，更是涉及金融服务实体经济效益、国家金融安全等多方面因素，直接影响国家机关、金融机构、使用机构等多方利益。这在资金体量庞大、用户信息集中、安全隐患影响深远的金融领域更为明显。作为金融体系重要组成部分的证券行业，存在交易金额大、操作频率高等情况，因此，对信息安全的要求很高，而随着攻击手段的不断演进，加之内外安全威胁并发，边界安全防御机制已经难以招架网络环境下的数据安全新问题。

A.3.2　项目需求

金融网络安全是国家安全的重要组成部分，关乎金融稳定与社会发展。金融业要坚持总体国家安全观，积极研判全球网络安全新形势，依据《中华人民共和国网络安全法》完善金融网络安全相关规章制度、管理办法、实施细则，明确合规底线要求。不断健全风险联防联控机制，加强监管科技应用，有组织、分步骤地构建具备强抗冲击能力和高韧度的防护体系，增强行业整体网络安全态势感知能力。持续加强金融业关键信息基础设施保护，压实主体责任，健全内控制度，加快金融领域关键核心技术攻关，妥善应对极限灾难场景风险，努力实现从被动安全到主动安全、从静态安全到动态安全、从一时平安到长治久安的发展。

采用零信任的信任模式，基于访问主体身份、网络环境、终端状态等尽可能多的信任要素对访问的所有用户进行持续验证动态授权。

（1）构建全域用户统一身份平台。

统一身份平台以用户账号统一、全域用户画像建设、身份治理体系建设等为典型特征，具备身份治理共性能力与服务、支持多前台业务及独立服务组织管理。

（2）建设全面身份治理体系。

通过全面身份治理体系建设，涵盖内外部全域用户，实现身份集中化管理，通过平台实现自动化全生命周期管理，同时建设内部完整的、标准的、可持续化的管理规范体系。

（3）技术合规和政策合规。

通过身份安全管理平台建设，保障信息安全符合国家相关要求与规范，实现技术合规及政策合规。

（4）提升信息化管理水平。

通过身份安全管理平台建设，建立企业员工数字身份管理标准体系，实现用户及业务系统的统一身份管控、流程自动化管理，提升信息管理水平。

（5）提升员工应用体验。

通过身份安全管理平台建设，解决用户多账户、多密码、多处访问等问题，提高用户满意度。

（6）实现信息化降本增效。

通过身份安全管理平台建设，提供一套完整持续的用户管理规范及运营规范体系，提升信息化平台建设质量及降本增效。

A.3.3 解决方案

本项目的系统架构如图 A-5 所示。

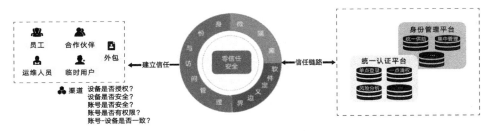

A-5　系统架构

1. 建立统一用户身份管理体系，实现人员全周期管理

与人力资源系统对接构建权威用户数据源，将系统用户和信息基础设施资源账号进行统一、集中的管理与维护，实现从核心数据源到办公系统、报销系统、邮箱系统等的数据同步；通过平台的搭建，实现流程驱动的自动化账号管理及权限管控等，并实现各单位人员、组织、岗位等身份数据分级管理，降低系统运维压力。

2. 建立规范的应用接入体系

通过 OAuth 2.0 等网络标准协议及 API 的方式，接入了办公系统、微软 Exchange 邮箱、短信平台、客户关系管理系统、财务系统等业务系统，为企业建设规范的应用接入标准，为将来业务的拓展、规模的增加提供优秀的基础平台。

3. 多维度深度审计

基于身份管理、账号管理及用户登录/退出等访问行为，进行多维度日志审计，并通过报表进行智能化展现，实现可追溯的事后管控，并为信息安全管理提供决策依据。根据身份信息的集中管理，进行身份账号的合规审计，对非合规账号、僵尸账号、空账号等进行及时的关停，保护内部资源的安全。

A.3.4 项目收益

派拉软件公司建立的统一用户身份管理系统，统一了身份认证标准，提高了身份认证强度，增加了系统的安全性，同时也提高了员工的工作效率，在增强账户安全的同时也为公司将来的有序发展奠定了基础。本项目收益如表 A-3 所示。

表 A-3　项目收益

编号	功能点	上线前	上线后
1	账号、权限开通和关闭	人工开通和关闭账号、权限	账号、权限自动化开通和关闭
2	多业务系统单点登录	多业务系统，多认证源，多账号	一个账号一个认证源，一次认证登录所有业务系统
3	用户智能行为分析	对于用户风险行为无法做到提前预警并阻止	自动评判用户行为，具有风险的行为自动触发警报，增强用户认证的安全
4	自助服务	① 需要管理员帮助修改密码 ② 修改个人信息需多个平台逐一修改	通过忘记密码方式找回密码，在统一身份管理平台修改个人信息，实现多业务系统同步修改
5	审计报表	人工导出所有日志	根据用户的登录行为、访问行为生成不同角度的审计报告

A.4　某大型银行身份和访问控制管理案例

A.4.1　项目背景

"十四五"时期，我国金融业网络安全和信息化发展的外部环境和内部条件发生复杂而深刻的变化，机遇与挑战都前所未有。站在"两个一百年"奋斗目标的历史交汇点上，金融业要认真落实《中华人民共和国国民经济和社会发展第十四个五年规划和 2035 年远景目标纲要》，把握新发展阶段、贯彻新发展理念、构建新发展格局，以服务金融高质量发展为目标，统筹发展与安全，确保金融业网络安全和信息化工作始终沿着正确的方向前进。

A.4.2　项目需求

数字基础设施顺应信息革命潮流，是新时代金融发展的"数字底座"。金融业要以支撑服务提质增效为导向，以云计算、人工智能、大数据、5G 等技术应用为牵引，建设高技术、高算力、高能效、高安全的新型身份数字基础设施。加强对金融业基础业务系统、数据中心、身份账号、信息系统的一体化安全防护，为金融高质量发展架设安全稳定的信息高速公路。作为数据密集型行业，金融业要严格落实《中华人民共和国数据安全法》《中华人民共和国个人信息保护法》等法律法规，健全身份数据安全治理体系，强化身份数据全生命周期安全防护，严防身份数据误用滥用。推动身份数据分级分类管理，科学界定数据所有权、使用权、管理权和收益权，明确数据适用范围。

通过建设统一身份认证及单点登录系统将分散的系统用户和信息基础设施资源账号进行统一、集中的管理，帮助实现银行员工用户身份的统一认证和单点登录，改变原有各业务系统的分散式身份认证及授权管理，实现对用户的集中认证和授权管理，简化用户访问内部各系统的过程，使得用户只需要通过一次身份认证就可以访问具有相应权限的所有资源，同时使用多种认证和安全审计加强安全性。

项目目标如下。

（1）集中身份管理。从人力资源系统进行人员信息同步，在统一身份管理和认证系统中管理和维护内、外部用户，实现统一身份管理，满足用户信息的集中存储，建立企业的权威数据源。

（2）统一账号管理。实现账号的梳理和导入，实现 IntraMart、eKessai、EDoc、Fee&FAX、China Intranet 系统的集成。

（3）统一认证。实现统一访问控制与安全管理，满足不同类型业务系统的统一认证（OAuth、SAML、GUI 代填等）、策略控制（如密码强度策略）。本项目一期目标涵盖 5 个业务系统的单点登录：IntraMart、eKessai、EDoc、Fee&FAX、China Intranet。

（4）内控与合规审计。对用户身份信息变更和用户访问行为的审计事件统一存储并采集，有效支撑合规审计要求。

（5）身份自助服务。提供用户账号的自助服务平台，能够实现密码修改、个人信息修改、密码找回等功能，可以让用户掌控登录使用情况，并在账号异常时发出安全预警，提升用户满意度。

A.4.3 解决方案

构建统一身份认证管理平台，实现单点登录功能，提供用户统一访问门户，统一认证和单点登录均由单点登录系统实现，并实现和业务系统的集成。单点登录方式包括 OAuth 单点登录和代填模式登录。

本项目的系统架构如图 A-6 所示。

（1）建立身份管理权威数据源。

① 确立核心数据源，建立企业级统一身份数据库。

② 实现从核心数据源到业务系统间的数据同步。

（2）身份多因子认证，如通过 OTP 登录认证。

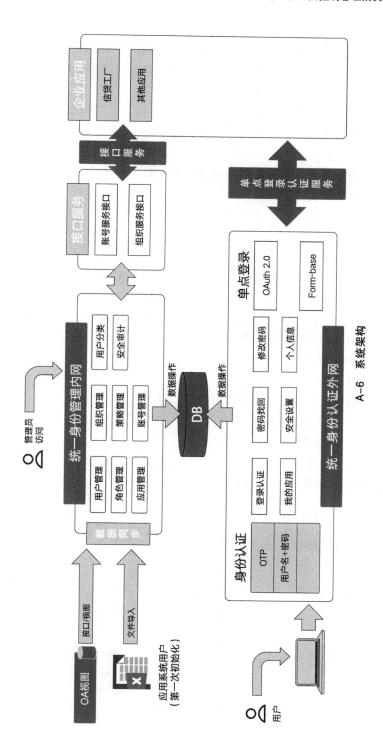

A-6　系统架构

（3）人员全周期管理。

① 细化人员类型，统一定义人员身份账号的命名规则。

② 建立以人为中心，实现人员的创建、修改、停用、启用、注销等全生命周期管理。

③ 确定并建立人员身份管理流程。

④ 分级管理各单位人员身份数据，如人员、组织、岗位。

（4）实现系统账号全生命周期管控。

① 建立用户身份及业务系统账号生命周期管理视图。

② 定义统一的账号规则。

③ 基于角色和流程，建立统一授权模型。

④ 账号集中管理。

⑤ 管理各业务系统及相对应的安全审计。

（5）建立统一身份认证中心，实现业务系统访问单点登录。

（6）员工自服务。员工可以自助修改个人信息、找回密码、修改密码。

（7）基于身份管理、账号管理及用户登录 / 退出等操作行为进行安全审计。

① 用户身份管理、账号管理行为审计。

② 用户访问行为审计。

③ 审计报告生成与导出。

（8）建立统一身份认证标准与规范。

① 统一身份认证规范。

② 统一身份管理规范。

③ 业务系统账号管理规范、账号管理集成技术标准。

④ 业务系统集成接口规范与集成指引。

A.4.4 项目收益

本项目收益如表 A-4 所示。

表 A-4　项目收益

编号	功能点	上线前	上线后
1	数据同步	人工录入数据	通过办公系统进行数据同步
2	身份认证	采用各业务系统的用户名和密码进行登录	通过 IAM 进行统一身份认证
3	账号全生命周期管理	人工删除、增加、修改账号	通过 IAM，基于上游数据源实现人员账号及权限的全生命周期管理

续表

编号	功能点	上线前	上线后
4	统一认证	每个业务系统独立认证	通过 IAM 进行统一认证，实现业务系统的单点登录
5	员工自助服务	通过向系统管理员申请，再由系统管理员帮助找回密码	基于绑定的邮箱、手机号码，用户可以自助找回密码